D1702206

Rheinisch-Westfälische Akademie der Wissenschaften

Natur-, Ingenieur- und Wirtschaftswissenschaften   Vorträge · N 366

Herausgegeben von der
Rheinisch-Westfälischen Akademie der Wissenschaften

HORST UWE KELLER

Das neue Bild des Kometen Halley –
Ergebnisse der Raummissionen

ULF VON ZAHN

Wetter in der oberen Atmosphäre
(50 bis 120 km Höhe)

Westdeutscher Verlag

353. Sitzung am 9. November 1988 in Düsseldorf

CIP-Titelaufnahme der Deutschen Bibliothek

Keller, Horst Uwe:
Das neue Bild des Kometen Halley: Ergebnisse der Raummissionen / Horst Uwe Keller. Wetter in der oberen Atmosphäre (50 bis 120 km Höhe) / Ulf von Zahn. [Gesamtw.: Hrsg. von d. Rhein.-Westfäl. Akad. d. Wiss.]. – Opladen: Westdt. Verl., 1989

   (Vorträge / Rheinisch-Westfälische Akademie der Wissenschaften: Natur-, Ingenieur- und Wirtschaftswissenschaften; N 366)
   ISBN 3-531-08366-X
NE: Zahn, Ulf von: Wetter in der oberen Atmosphäre (50 bis 120 km Höhe); Rheinisch-Westfälische Akademie der Wissenschaften <Düsseldorf>: Vorträge / Natur-, Ingenieur- und Wirtschaftswissenschaften

Der Westdeutsche Verlag ist ein Unternehmen der Verlagsgruppe Bertelsmann International.

© 1989 by Westdeutscher Verlag GmbH Opladen
Herstellung: Westdeutscher Verlag
Satz, Druck und buchbinderische Verarbeitung: Boss-Druck, Kleve
Printed in Germany
ISSN 0066-5754
ISBN 3-531-08366-X

Inhalt

Diskussionsbeiträge

Das neue Bild des Kometen Halley –
Ergebnisse der Raummissionen

von *Horst Uwe Keller*, Katlenburg-Lindau

1. Einleitung

In diesem Vortrag soll versucht werden, einen kurzen Abriß der Kometenforschung – einen geschichtlichen Rückblick sowie eine Zusammenfassung unseres bisherigen Wissensstandes – zu geben als Ausgangspunkt für die Beschreibung der neuen Ergebnisse. Diese beruhen auf den außerordentlichen Anstrengungen bei den Beobachtungen des Kometen Halley. Die Entscheidung der europäischen Raumfahrtagentur (ESA), ihre erste interplanetare Mission Giotto zum Kometen Halley zu starten, hat ein großes Forschungsprogramm entzündet. Die Raumfahrtbehörden der Sowjetunion und Japans entsandten ebenfalls Raummissionen, sogar jeweils zwei, Vega 1 und 2 und Sagigake und Suisei. Das internationale Forschungsprogramm wurde abgerundet durch die International Halley Watch (IHW), ein durch die amerikanische Raumfahrtbehörde NASA ins Leben gerufenes und unterstütztes Programm, das die übrigen Beobachtungen vom Boden, von Raketen oder anderen Raumsonden aus fördern sollte. Alle Bemühungen wurden koordiniert von der eigens dazu ins Leben gerufenen Inter Agency Consultative Group (IACG). Diese Anstrengungen haben das Interesse an der Kometenforschung vervielfacht. Während früher höchstens 100 Wissenschaftler zu einer internationalen Fachtagung gekommen sind, versammelten sich fast 500 Forscher in Heidelberg im Herbst 1986, um ihre Forschungsergebnisse nach den Vorbeiflügen im März 1986 zum ersten Male international vorzustellen und zu vergleichen. Das Interesse an den Kometen hält weiter an und könnte bald zu wesentlich aufwendigeren Missionen führen.

Warum dieses besondere Interesse an Kometen? Kometen bilden eine Klasse von Himmelskörpern für sich. Sie gehören zu den kleinsten Mitgliedern unseres Planetensystems, kaum zu beobachten und wahrscheinlich immer noch unentdeckt, wenn sie nicht eine ungewöhnliche Aktivität im innern Sonnensystem entwickeln würden. Der winzige Kometenkern – in der Größenordnung von 10 km im Durchmesser – wird durch die Sonne aufgeheizt. Ein Großteil des Kerns besteht aus flüchtigen Substanzen, im wesentlichen Wassereis. Dieses Eis verdampft innerhalb von 3 AE (astronomischen Einheiten), reißt Staubkörnchen und andere Substanzen mit. Die ausströmenden Gase und der Staub werden durch die geringe Gravitation des Kerns kaum beeinflußt und können daher eine Koma von riesigen Ausmaßen (im sichtbaren typisch 10^5 km bis zu 10^7 km im ultravioletten) bilden. Die Partikeldichten in der kometaren Koma sind außerordentlich gering. In einigen Kilometern vom Kern sinken die Moleküldichten bereits unter Werte, die geringer sind als im besten Vakuum, das in irdischen Laboratorien erreicht werden kann. Das Studium von physikalischen Vorgängen unter diesen extremen Bedingungen, die natürlich für den interplanetaren und auch interstellaren Raum (mit noch viel geringeren Dichten) typisch sind, ist daher von besonderem Interesse. Die Wechselwirkung mit der Sonnenstrahlung, dem Licht wie auch der Korpuskularstrahlung, dem Sonnenwind aus Protonen, führt dazu, daß die Moleküle dissoziiert und dann schließlich die Atome ionisiert werden. Die kometaren Ionen werden an den Sonnenwind angekoppelt und mit diesem aus dem Sonnensystem herausgeschwemmt. Kometen bilden eine wichtige Quelle für den Zodiakalstaub.

2. Geschichte der Kometenforschung

Kometen müssen schon in den ältesten Kulturen eine besondere Stellung in der Hierarchie der Himmelsphänomene eingenommen haben. Die hellsten unter ihnen (und nur diese sind ohne Instrumente zu beobachten) kommen unvorhergesehen, bewegen sich rasch am Himmel und verschwinden nach einigen Monaten wieder. Sie können sehr hell werden und den ganzen Himmel überspannen. Im Mittelalter galten sie als Vorboten des Bösen. Die Griechen haben ihnen ihren Namen („Haarsterne") gegeben und unsere Vorstellungen bis in die Neuzeit beeinflußt. Erst TYCHO BRAHE gelang es im 16. Jahrhundert, die Parallaxe eines Kometen zu messen und damit nachzuweisen, daß er sich mindestens in der Entfernung des Mondes befand und keinesfalls eine „Ausdünstung" der Erdatmosphäre war.

Schon in den ersten Kosmologien (KANT, LAPLACE und LAGRANGE) spielten Kometen eine Rolle. Während das letzte Erscheinen des Kometen Halley im Jahre 1910 schon starke Beachtung sowohl in der Öffentlichkeit als auch (damals noch) in der Astronomie fand, stammen die jetzigen Vorstellungen von den Kometen erst aus den letzten fünfzig Jahren. ÖPIK (1932) schlug vor, daß eine Wolke von Kometen das Sonnensystem umkreist. Störungen durch vorbeiziehende Sterne lenken Kometen in das innere Sonnensystem. Dieser Gedankengang wurde dann von OORT (1950) weiter ausgebaut und mit Beobachtungsergebnissen untermauert. Mehr als $2 \cdot 10^{11}$ Kometen sind notwendig in der Wolke, die sich bis zu 10^5 AE erstreckt (eine Entfernung vergleichbar mit dem Abstand zu den nächsten Sternen), um die Anzahl der beobachteten Kometen zu erklären.

WURM (1943) erkannte, daß die beobachteten Radikale in der Koma Sekundär-produkte sein mußten und nicht im Kern gelagert sein konnten. WHIPPLE (1950) schlug vor, daß Kometen feste Kerne aus Eis und Staubteilchen („schmutziger Schneeball") besitzen und setzte sich damit in Gegensatz zu dem „Sandbank"-Modell (LYTTLETON, 1948). Der Effekt der nichtgravitativen Kräfte (der Rückstoß durch das verdampfende Eis) auf die Umlaufbahn von Kometen und die Verbindung der Kometenumlaufbahnen mit Meteorschwärmen waren die ausschlaggebenden Argumente. Das Modell eines Kerns aus (Wasser-)Eis konnte die hohen Produktionsraten von Gas und Staub erklären.

Ebenfalls im Jahre 1950 erkannte BIERMANN (1951), daß die Ionen- oder Plasma-schweife von Kometen durch die Wechselwirkung der Koma mit einer permanenten – damals hypothetischen – Korpuskularstrahlung von der Sonne, dem Sonnenwind, entstanden.

Eine besondere Bedeutung erlangen die Kometen aufgrund der Tatsache, daß sie diejenigen festen Körper (außer den äußeren gasförmigen großen Planeten) im Planetensystem sind, die die meisten flüchtigen Substanzen enthalten. Sie gelten als die ursprünglichsten Körper, die wahrscheinlich am besten die Zusammensetzung und die Verhältnisse des solaren Urnebels widerspiegeln. Sie sind zu klein, als daß sie sich wesentlich durch Freisetzen von Gravitationsenergie erwärmt hätten. Auch konnten sie nicht durch die Sonne erwärmt worden sein, sonst wären sie verdampft. Wo und wann in der Frühgeschichte des Planetensystems sind sie gebildet worden? Sind sie als Teil unseres Sonnensystems oder in Satellitensystemen entstanden? Ihre Entstehung im interstellaren Raum ist immer wieder diskutiert worden.

3. Hinweise auf die Entstehung der Kometen

3.1 Kometenumlaufbahnen

Die meisten beobachteten Kometen zählen zu den sogenannten „kurzperiodischen Kometen" mit Umlaufperioden von weniger als 200 Jahren. Darunter stellen diejenigen Kometen, deren Umlaufbahn eng mit derjenigen von Jupiter verknüpft sind, die größte Untergruppe dar. Sie haben Perioden von ca. 5 Jahren und sind mit ihren Umlaufbahnen in der Ekliptik konzentriert. Der Planet Jupiter spielt die dominierende Rolle beim „Einfang" der Kometen. Die „neuen" oder „langperiodischen" Kometen haben z. T. fast parabolische Umlaufbahnen, die nahezu isotrop verteilt sind mit Perioden, die Millionen Jahre überschreiten.

Neuere Rechnungen zeigen, daß die Oortsche Wolke mit ihrer großen Ausdehnung durch vorbeiziehende Sterne und Molekülwolken so stark gestört wird, daß sie nicht stabil ist über die Lebensdauer des Sonnensystems (4.5 Gigajahre). Der Mechanismus (der gravitativen Störung), der von OORT postuliert wurde, führt zu einer Zerstörung eben dieser Wolke. Ein Ausweg ist eine innere Wolke von Kometen jenseits von Neptun mit großen Halbachsen bis zu 10^4 AE. Massive Störungen durch dichte Molekülwolken führen zum Wiederaufbau der Oortschen Wolke, die dann als zeitlich variabel anzusehen wäre.

Mit der Frage der Kometenbahnumverteilung ist auch die Frage der Entstehung der Kometen eng verknüpft. Wie sind die Kometen in die Oortsche Wolke oder auch nur in die innere Oortsche Wolke transportiert worden? Numerische Rechnungen zeigen, daß die äußeren großen Planeten relativ uneffektiv sind. Vieles deutet darauf hin, daß die Kometen in den äußeren Teilen des Planetensystems oder aber auch im „Niemandsland" zwischen den Sternen entstanden sind. Wir wissen, daß Sterne nicht alleine geboren werden, sondern in Haufen, den T Tauri Assoziationen, in riesigen Molekülwolken. Der Abstand von entstehendem Stern zu Stern ist dabei viel geringer als die jetzige Ausdehnung der Oortschen Wolke. Die chemische Zusammensetzung der Kometenkerne kann den Schlüssel zu dieser Frage bilden.

3.2 Chemische Zusammensetzung

Es war schwierig, die eigentliche chemische Zusammensetzung der Kometen aus Beobachtungen von der Erde zu bestimmen, da nur Dissoziationsprodukte zu beobachten sind. Erst in neuester Zeit sind Beobachtungen von Muttermolekülen im infraroten Wellenbereich gelungen. Daher kam der *in situ* Bestimmung der chemischen Zusammensetzung der Gas- und Staubkoma während der Sondenvorbeiflüge am Kometen Halley besondere Bedeutung zu.

Gas

Die bis dahin indirekte Schlußfolgerung, daß Wassereis eine dominierende Rolle in der Zusammensetzung spielt, hat sich voll bestätigt. 80% der flüchtigen Substanzen sind Wassermoleküle. Als weitere Muttermoleküle sind CO und CO_2 mit etwa 5 bis 15% und 3,5% gefunden worden. Wahrscheinlich stammen nur 5% der CO-Moleküle aus dem Eis des Kerns, der Rest wird erst in der Koma durch Sublimation von Staubteilchen freigesetzt (s. u.). Alle anderen Moleküle sind nur mit etwa 1% oder weniger an der Zusammensetzung der flüchtigen Komponente des Kometenkerns beteiligt (Tabelle 1).

Species	Gas Production Rate Relative to H_2O	Instrumental Technique
CO	0.05 ... 0.07	Giotto NMS, gas spectra
	0.17 ... 0.20	Rocket UV experiment
	0.13 ... 0.15	Giotto NMS, gas spectra
CO_2	$\leqq 0.035$	Giotto NMS, gas spectra
	0.015	Vega 1 IKS, IR spectra
CH_4	$\leqq 0.07$	Giotto NMS, gas spectra
	$\leqq 0.04$	KAO, IR spectra
	≈ 0.02	Giotto IMS, ion spectra
NH_3	$\leqq 0.1$	Giotto NMS, gas spectra
	0.01 ... 0.02	Giotto IMS, ion spectra
N_2	$\leqq 0.02$	Giotto NMS, gas spectra
	< 0.02	Giotto IMS, ion spectra
saturated hydrocarbons	≈ 0.01	Vega 1 IKS, IR spectra
unsaturated hydrocarbons	≈ 0.01	Vega 1 IKS, IR spectra
H_2CO	≈ 0.01	Vega 1 IKS, IR spectra
HCN	≈ 0.001	IRAM telescope, millimetre spectra

Tabelle 1: Die Häufigkeiten von wahrscheinlichen Muttermolekülen in der Koma des Kometen Halley. Von einigen Ausnahmen abgesehen, wurden die Daten am 6. März (Vega 1-Vorbeiflug, $r_h = 0.79$ AE) und 14. März (Giotto-Vorbeiflug, $r_h = 0.89$ AE) 1986 gewonnen. Für weitere Details siehe Krankowsky und Eberhard (1989).

Verhältnisse der Isotope von Wasserstoff, Sauerstoff und Schwefel sind bisher aus den Massenspektren bestimmt worden. Die Verhältnisse entsprechen denen, die im Sonnensystem gefunden werden. Das D/H Verhältnis (zwischen 0,6 und $4,8 \cdot 10^{-4}$) ist ähnlich wie bei Uranus, dem Saturnmond Titan und der Erdatmosphäre. Es unterscheidet sich von dem bei Jupiter, Saturn oder im interstellaren Gas. Ist das ein weiterer Hinweis darauf, daß Kometen zur Atmosphäre der Erde beigetragen haben und daß die Erdatmosphäre (der Ozean) den gleichen Ursprung wie die äußeren Planeten hat? Das Isotopenverhältnis des Kohlenstoffs $^{12}C/^{13}C$ ist schwierig aus den Massenspektren zu bestimmen, da das häufige Radikal CH das gleiche Atomgewicht wie das schwerere Isotop hat. Dieses Verhältnis wurde aus hochaufgelösten Spektren von der Erde aus zu 65 ± 8 bestimmt; ein Wert, der viel geringer ist als andere Messungen im Sonnensystem (89). Eine Bestätigung dieser Beobachtung ist wichtig, da dieser geringe Wert für Komet Halley auf interstellaren Ursprung des Kohlenstoffs hindeuten würde.

Insgesamt ist der Anteil an hochflüchtigen Verbindungen wie CH_4, NH_4, N_2 und auch CO geringer als erwartet. Dies könnte als Hinweis darauf gedeutet werden, daß die Temperatur während der Entstehung des Kometenkerns höher als 50 K gewesen ist.

Staub

Wie schon erwähnt, hat die Zusammensetzung des Gases keine besondere Überraschung gebracht, wohl allerdings beim Staub. Hier hat zunächst die große Anzahl von kleinsten Staubteilchen überrascht. Es gibt praktisch einen fließenden Übergang von den größten dezimetergroßen Teilchen bis hin zu allerkleinsten, die nur noch die Größe von Molekülen (100 nm) haben. Selbst Teilchen im Größenbereich von Mikrometern können noch Dichten von unter 1 Mgm^{-3} haben. Die Teilchen haben eine stark variable chemische Zusammensetzung. Es gibt mineralische Körner (Silikate) und zur allgemeinen Überraschung Teilchen, deren Zusammensetzung aus organischen Substanzen besteht, wobei organisch nur bedeutet, daß sie hauptsächlich aus organischen Kohlenwasserstoffverbindungen bestehen. Diese Teilchen machen etwa ⅓ der Masse der nichtflüchtigen Substanzen aus. Ein Großteil der Teilchen zeigt eine Mischung aus mineralischen und organischen Substanzen. Halbflüchtige Substanzen wie z. B. Polyoxymethylen (POM) tragen zur Gasproduktion des Kometen bei. Die Messungen der Gasdichten zeigen, daß der Kern nicht die alleinige Quelle von CO sein kann; es gibt Beiträge von einem ausgedehnten Gebiet von mehreren tausend Kilometern um den Kern herum. Dort verdampfen halbflüchtige Substanzen von den heißen Staubkörnchen und werden dann anschließend dissoziiert. Es gibt wahrscheinlich einen fließenden Übergang von flüchtigen zu nichtflüchtigen Teilchen. Ein Großteil der organischen Verbindungen verdampft erst bei Temperaturen über 300 K. Kleinste Staubteilchen werden durch das Sonnenlicht auf Temperaturen von über 400 K aufgeheizt.

Trotz der vielen Messungen (gerade auch *in situ* bei den verschiedenen Missionen) bleibt das Verhältnis von Staub zu Gas oder besser ausgedrückt von nichtflüchtiger zu flüchtiger Substanz wegen der Inhomogenität der Staubteilchen mit einer großen Unsicherheit behaftet. Es werden Zahlen zwischen 0,5 und 10 hierfür genannt. Es ist ziemlich klar, daß es mehr nichtflüchtige Anteile gibt, als vorher angenommen wurde. Wahrscheinlich liegt das Verhältnis irgendwo bei 1. Dies würde auch gut zu der Interpretation der chemischen Gesamtzusammensetzung des Kometenkerns passen. Es gibt keine klare Trennung von Staubteilchen und Gas beziehungsweise Eis.

3.3 Der Kern

Im Hauptteil meines Referates möchte ich mich den Ergebnissen zuwenden, die wir aus den direkten Beobachtungen des Kometenkerns ableiten können. Hierbei werde ich mich hauptsächlich auf die Aufnahmen der Halley Multicolour Camera

(HMC) stützen. Bei den Vorbeiflügen am Kometen Halley ist es zum ersten Male gelungen, den Kern direkt zu beobachten und somit zunächst seine Existenz nachzuweisen. Insbesondere die Aufnahmen von der Giotto Sonde aus haben Einzelheiten auf dem Kern selbst gezeigt. Leider ist die Kommunikation mit der Raumsonde kurz vor der nächsten Annäherung an den Kern (600 km) zusammengebrochen, so daß nur Aufnahmen während des Anfluges zustande kamen. Es fehlt die dritte Dimension für die Interpretation der Phänomene um den Kern und des Kerns selber.

Die projizierte, sichtbare Fläche des Kometenkerns war $14,2 \times 7,8$ km^2 groß. Die dreidimensionale Gestalt ist $16 \times 8 \times 8$ km^3, etwa in der Form einer Erdnuß mit einer leichten Einschnürung in der Mitte. Das Gesamtvolumen und die Oberfläche ergaben sich daraus zu etwa 550 km^3 und 400 km^2. Der Kern war wesentlich größer als man vorher angenommen hatte. Da man das von ihm in weiter Entfernung von der Sonne reflektierte Licht gemessen hatte, ergab sich aus der Größe sofort, daß sein Reflexionsvermögen sehr klein sein mußte. In der Tat zählt der Kern des Kometen Halley zu den dunkelsten Objekten im Sonnensystem. Seine Albedo ist $\leq 0,04$, so dunkel wie die dunkelste Farbe, die man im Labor herstellen kann. Später hat sich herausgestellt, daß die Oberfläche leicht rötlich im Vergleich zu Sonnenlicht ist.

Deutlich sind topographische Strukturen auf der sonnenbeschienenen Oberfläche zu sehen (Bild 1). Leider liegt der größte Teil (75%) der Oberfläche im Schatten, da die Sonne etwa 17° hinter der Bildebene steht. Der dunkle Teil des Kerns hebt sich nur als Silhouette gegen den durch das Streulicht am Staub leicht erhellten Hintergrund ab. Die Sichtbarkeit des gesamten Kernumrisses ermöglichte es erst, die Gestalt des Kernes zu bestimmen. Die Bilder der Vega-Sonden zeigen den dunklen Teil nicht, obwohl die Vorbeifluggeometrie ganz ähnlich der von Giotto war. Die Dynamik in den Bildern ist nicht ausreichend.

Einige der sichtbaren Strukturen sollen hier aufgezählt und kurz beschrieben werden. Das Bild 2 zeigt zweifach vergrößerte Ausschnitte. An der Nordspitze (nördlich relativ zur Ekliptik) ist ein schmaler Saum von etwa 550 m Breite von dem Rest der unbeleuchteten Oberfläche nahezu vollständig abgetrennt. Dieser dunkle Saum hat die Gestalt eines Fingers. Seine Länge ist 1400 m. Daran schließt sich parallel zur Tag-Nacht-Grenze eine Kette von Hügeln an. Die Tag-Nacht-Grenze verläuft nahezu wellenförmig. Der Abstand von Hügel zu Hügel ist etwa 1000 m. Die südlichen Ausläufer der Hügelkette enden im oder nahe an dem Gebilde, das wir Krater genannt haben. Der „Krater" liegt direkt am sonnenbeschienenen Rand des Kerns und ist daher stark perspektivisch verzerrt. Sein Durchmesser ist etwa 2000 m; er ist sehr flach, weniger als 200 m tief. Aufnahmen mit der besten Auflösung zeigen deutlich, daß der Kraterboden und -rand mit Hügeln in der Größe von etwa 400 m strukturiert ist. Der Ursprung dieses auffallenden Gebildes ist unklar. Ganz unwahrscheinlich ist, daß es sich um einen Einschlagskrater handelt. Wahrscheinlich ist es ein Gebiet von verstärkter Aktivität, entweder früher oder aber auch jetzt, wenn man bedenkt, daß die Sonne gerade erst aufgegangen ist in diesem Gebiet. Aktivität aus dem Krater ist auf den Bildern nicht zu erkennen.

Fast in der Mitte der Kernsilhouette ist deutlich ein relativ scharfer heller Punkt zu erkennen. Dies ist die beleuchtete Spitze eines „Berges". Sie leuchtet schon in der aufgehenden Sonne, die den Fußpunkt noch nicht erreicht hat. Falls diese Interpretation richtig ist, sollte die Höhe des Berges etwa 500 bis 1500 m über der Oberfläche eines angepaßten Ellipsoids liegen. Zwischen dem sonnenbeschienen Rand und dem Berg erstreckt sich eine Senke, die sich zum Berg hin verjüngt.

Der Verlauf des dunklen Kernrandes ist fast linealglatt über eine Länge von rund 10 km. Im starken Gegensatz dazu steht die 90°-Ecke am südlichen Ende. Dieser „Entenschwanz" ist die herausragendste topographische Struktur. Sie erhebt sich um 30% über die Ellipsoidfläche und steht im Gegensatz zu dem sonst (mit Ausnahme des Berges) doch recht wenig strukturierten Kern.

Die Form des Kernes und die beobachteten Skalenlängen von 500 bis 1000 m deuten auf einen Aufbau aus großen Unterkernen hin. Die Relativgeschwindigkeit dieser Kernbausteine muß hinreichend klein gewesen sein (einige Meter pro Sekunde), damit sie bei der Kollision nicht zerstört wurden. Der Kern des Kometen Halley ist stark entwickelt, allerdings können die geringen Verlustraten (im Schnitt über die gesamte Oberfläche < 2 m, bei aktiven Flächen < 10 m pro Umlauf) nicht die längliche Form aus einem zunächst sphärischen Körper bilden.

3.4 Aktivität

In der Nähe des Kerns überwiegt die Streustrahlung des Staubes über die schmalbandigen Emissionslinien des Gases. Das Gas ist praktisch für die Kameras auf den Sonden unsichtbar, solange nicht sehr schmalbandige Filter eingesetzt werden. Die Staubemission ist stark strukturiert und keinesfalls isotrop verteilt. Nur etwa 20% der beleuchteten Hemisphäre ist aktiv, d.h. produziert Staub. Die Staubstrahlen kommen alle von der sonnenbeschienenen Seite. Der stärkste Staubstrahl *(jet)* auf den Bildern der Halley Multicolour Camera ist in der Gegend nördlich des Kraters zu sehen. Von dort kommt aber nicht der meiste Staub, wie man auf Aufnahmen aus größerer Entfernung sehen kann. Der dazu gehörende Staubstrahl *(jet)* geht in eine Richtung etwa 60° südlich der Linie Komet–Sonne (Bild 3 u. 4).

4. Schlußfolgerungen

Welche Schlüsse können wir aus den Beobachtungen ziehen? Wie hat sich das Bild des Kometen verändert? Der nachhaltigste Einfluß auf unsere veränderten Vorstellungen der Kometen dürfte von den Bildern des Kerns kommen. Dies ist ja auch zu erwarten, da der Kern, das „Herzstück" des Kometen, der eigentliche Komet ist und noch nie vorher gesehen worden war.

Der Kern ist keinesfalls ein allseits aktiver sublimierender Eisball. Seine Aktivität ist sehr beschränkt. Der größte Teil seiner Oberfläche ist inaktiv und besteht daher nicht aus Eis. Eine Kruste oder ein Mantel aus nicht verdampfbarem Material überzieht den Kern. Woher kommt diese Kruste oder wie bildet sie sich? Man kann spekulieren, daß es sich um zurückgebliebenen Staub handelt, der sich angesammelt hat. Modellrechnungen zeigen, daß schon eine sehr dünne Schicht genügt, um die Verdampfung zum Erliegen zu bringen. Gegen eine solche dünne Schicht an der Oberfläche sprechen die großen topographischen Strukturen wie der Entenschwanz und der Berg. Diese Strukturen werden von drei Seiten von der Sonne beleuchtet und sollten daher vollständig ausgedörrt sein. Temperaturen an der Oberfläche der nicht aktiven Gebiete erreichen Werte von über 400 K während der Perihelpassage des Kometen. Die Sublimationstemperatur des Wassereises liegt knapp über 200 K. Bedenkt man noch den relativ hohen Anteil von nichtflüchtigen Bestandteilen (Staub), kann man zu dem Schluß kommen, daß die Matrix des Kerns nicht vom Eis, sondern von den nichtflüchtigen Bestandteilen dominiert wird. Wenn die eisigen Bestandteile verdampft sind, bleibt eine nicht aktive Oberfläche zurück. Diese Vorstellung erklärt aber nicht, wie die eigentliche Aktivität über längere Zeit, d. h. viele Umläufe, unterhalten werden kann. Die Aktivität von Komet Halley hat sich kaum geändert während der dreißig beobachteten Umläufe um die Sonne.

Andere kurzperiodische Kometen haben höchstwahrscheinlich ebenfalls einen relativ (zu dem Aktivitätsniveau) großen Kern. Da die Produktionsrate dieser Kometen (z. B. P/Tempel und IRAS – Araki – Alcock) um mindestens eine Größenordnung kleiner ist, macht die aktive Oberfläche wahrscheinlich nur Prozente oder Bruchteile davon aus. Und dennoch zeigen viele dieser Kometen kaum sekulare Veränderungen ihres Aktivitätsniveaus. Dies schließt eine starke Variabilität während eines Umlaufes nicht aus; im Gegenteil, Änderungen um Faktoren zwei sind häufig (z. B. Komet Halley).

Man muß aus diesen Beobachtungen schließen, daß bei allen Kometen (es gibt Hinweise, daß dies auch für „neue" Kometen gilt) nur ein Teil, und zwar bei „älteren" Kometen nur ein sehr kleiner Teil der Oberfläche aktiv ist. Die Eigenschaften der Kerne und der physikalischen Prozesse, die diese eingeschränkte, aber über lange Zeit stetige Aktivität bewirken, müssen noch geklärt werden.

Sowohl die chemische Zusammensetzung der flüchtigen Komponente (des Eises) wie auch die bestimmten Isotopenverhältnisse stehen im Einklang mit unserer Vorstellung, daß Kometen als Teile des Planetensystems entstanden sind. Die chemische Häufigkeit der gesamten Zusammensetzung (einschließlich des Staubes) gleicht derjenigen in der solaren Photosphäre (mit Ausnahme der allerflüchtigsten Gase, H, He). Wie schon lange vermutet wurde, weisen Kometen einen weitaus größeren Anteil an flüchtigen Substanzen (H, C, N, O etc.) aus als die primitivsten Meteorite (kohlige Chondrite).

Die relativ komplexen organischen, nur schwer flüchtigen Verbindungen können sich allerdings kaum in dem kurzen Zeitraum von 10^5 bis einigen 10^6 Jahren während der Formation der Planeten gebildet haben. Sie sind wahrscheinlich bereits Bestandteil der Molekülwolke gewesen als Überzug (Mantel) von kleinsten Staub-(Silikat-, Metall-)körnern. Es gibt einen fließenden Übergang von flüchtigen zu nicht flüchtigen Substanzen im Kometenkern. Die geringe Dichte (< 1 Mgm^{-3}) der Kerne und der große Anteil von nichtflüchtigem Material legen den Schluß nahe, daß der Kern sehr porös ist und möglicherweise aus einer Matrix von Staub aufgebaut ist.

Die sehr erfolgreichen Beobachtungskampagnen haben die besondere Rolle der Kometen in der Familie des Planetensystems unterstrichen. Das Interesse an den Kometen ist durch die neuen Ergebnisse noch verstärkt worden. Eine der brennendsten Fragen, wie typisch sind die Ergebnisse für alle Kometen, kann vielleicht schon bald geklärt werden, wenn das geplante Wiedereinschalten der Giotto-Sonde im Jahre 1990 erfolgreich verläuft. Dann kann ein weiterer Komet angesteuert werden. Diskutiert wird ein Vorbeiflug am Kometen Grigg-Skjellerup im Jahre 1992. Eines der großen Vorhaben von ESA ist die Vorbereitung und Durchführung einer Mission zu einem Kometen mit der Rückführung von Kometenmaterial in irdische Labors. Vor dieser „Rosetta"-Mission, die zusammen mit der amerikanischen NASA geplant wird, ist Deutschland an der amerikanischen CRAF-Mission beteiligt. Eine Raumsonde soll sich mehrere Monate in der Nähe eines Kometenkerns aufhalten und diesen genau untersuchen.

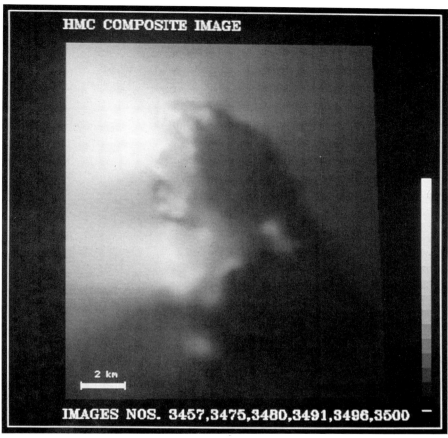

HMC COMPOSITE IMAGE

2 km

IMAGES NOS. 3457,3475,3480,3491,3496,3500

Bild 1: Dieses Bild des Kerns vom Kometen Halley ist aus sechs Einzelbildern der Halley Multicolour Camera zusammengesetzt. Die Auflösung verbessert sich von 320 m am unteren dunklen Kernrand zu 60 m pro Bildpunkt bei den hellen Gebieten der stärksten Aktivität. Die Sonne scheint von links, 28° über der Horizontalen und befindet sich etwa 12° hinter der Bildebene. Einige der Einzelbilder sind in Bild 3 zu sehen.

Horst Uwe Keller

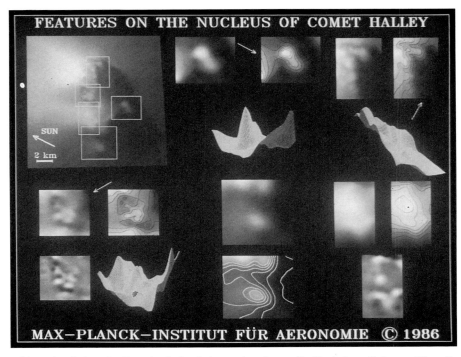

Bild 2: Einzelheiten der Kernoberfläche sind gesondert dargestellt. Sie sind zweifach vergrößert. Es handelt sich um das „Aktive Gebiet", den „Krater", die „Hügelkette", den „Berg" und die „Zentrale Senke".

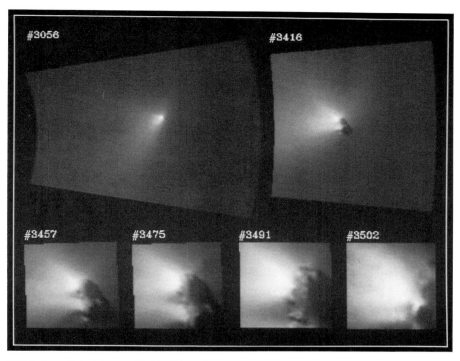

Bild 3: Sechs Beispiele von HMC-Bildern des Kometen P/Halley in originalen Bildausschnitten. Bild # 3056 wurde 1814 s (Distanz zum Kern 124 000 km) und Bild # 3502 31 s (2200 km) vor der nächsten Annäherung aufgenommen.

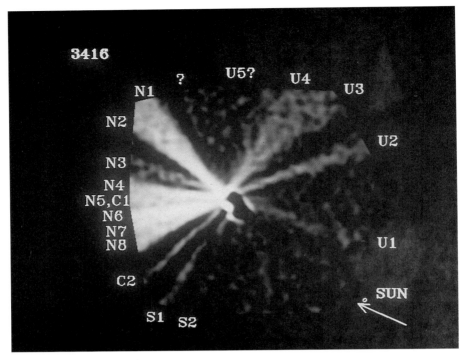

Bild 4: Durch geeignete Bildverarbeitungsmethoden können schwache Kontraste sichtbar gemacht werden (unscharfe Maskierung). Die Staubstrahlen sind als helle Strukturen sichtbar. Insgesamt wurden 17 Strahlen (jets), einige ganz schmal, entdeckt. Die wenigen von der Sonne wegzeigenden Strahlen könnten auf Grund der Projektion dennoch von den beleuchteten Teilen des Kerns kommen.

Literatur

BIERMANN, L.: Kometenschweife und solare Korpuskularstrahlung, *Ztschr. f. Astrophys.* 29 (1951), 274–286

KRANKOWSKY, D. and EBERHARD, P.: Evidence for the Composition of Ices in the Nucleus of Comet Halley. To appear in: *Comet Halley 1986, World-Wide Investigations, Results and Interpretations.* Ellis Horwood Limited, Chichester (1989) in print

LYTTLETON, R. A.: On the origin of comets, *Mon. Not. R. Astr. Soc.* 108 (1948), 465–475

OORT, J.: The structure of the cloud of comets surrounding the solar system and a hypothesis concerning its origin, *Bull. Astron. Inst. Neth.* X (1950), 91–110

ÖPIK, E. J.: Note on stellar perturbations of nearly parabolic orbits, *Proc. Amer. Acad. Arts Sci.* 67 (1932), 169–183

WHIPPLE, F. L.: A Comet Model I. The Acceleration of Comet Encke, *Astrophys. J.* 11 (1950), 375–394

WHIPPLE, F. L.: A Comet Modell II. Physical Relations for Comets and Metors, *Astrophys. J.* 11 (1950), 464–474

WURM, K.: Die Natur der Kometen, *Mitt. Hamburger Sternwarte* 8 (1943), 57–92

Diskussion

Herr Priester: Der Kometenkern selber muß ja eine sehr lockere Struktur haben. Ich möchte darauf hinweisen, daß man im vorigen Jahrhundert den Kometen Biela beobachtet hat, der sich sozusagen vor den Augen der Astronomen teilte. Vielleicht ist „teilte" nicht der richtige Ausdruck, aber es hat sich ein Teil abgesprengt, der dann als unabhängiger Komet langsam von dem anderen Kometen wegdriftete. Das würde auch wieder einen Hinweis darauf geben, wie sich dieser schmutzige Schneeball durch die Aufheizung plötzlich teilen kann, bzw. wie sich etwas absprengen kann.

Herr Keller: Es ist überhaupt keine Frage, daß Kometen sehr leicht zerbrechlich sind, und zwar allein schon deshalb, weil die Dichte offensichtlich sehr niedrig ist. Es gibt jedoch zwiespältige Beobachtungen. Man kennt Kometen, die sehr nahe – also im Roche-Limit – an der Sonne vorbeigeflogen und nicht zerbrochen sind. Auf der anderen Seite gibt es Kometen, die bei großen Entfernungen von der Sonne zerfallen sind. Man weiß eigentlich nicht genau, warum Kometen zerfallen. Sie haben vielleicht Inhomogenitäten. Man kann sich das etwa so vorstellen: Wenn die Kometen aus Unterkernen entstanden sind, dann gibt es natürlich Zonen, die komprimiert sind, wie es auch Hohlräume oder strukturell schwächere Zonen geben wird. Dies könnten Stellen sein, an denen die Kerne leicht zerbrechlich sind.

Herr von Zahn: Eine hochinteressante Eigenschaft des Kometenkerns ist natürlich sein spezifisches Gewicht. Für seine Bestimmung braucht man das Volumen und die Masse des Kerns. Das Volumen haben Sie ja wunderbar gemessen. Aber wie kommt man an die Masse?

Herr Keller: Das spezifische Gewicht habe ich erwähnt. Es ist zu weniger als 1 abgeschätzt worden. Der einzige Zugang ist bisher, daß man sich die sogenannten nicht gravitativen Kräfte anschaut. Durch das Ausgasen entsteht sozusagen ein Raketenrückstoß auf den Kern. Wenn man die Anfangsgeschwindigkeit des Gases kennt und weiß, wieviel ausgast, kann man die Reaktionskraft berechnen. Man kann die zusätzliche Beschleunigung des Kerns bestimmen, die sich durch Abweichungen von der Kepler-Bahn zeigt. Daraus läßt sich dann seine Masse ausrechnen, und mit dem Volumen auch das spezifische Gewicht.

Herr von Zahn: Welchen Fehlerbalken erhält man dabei?

Herr Keller: Er ist groß. Bei dem Volumen haben wir jetzt noch eine Unsicherheit von 30 Prozent. Ich würde sagen: Faktor 2 für das spezifische Gewicht. Realistisch könnte der Fehler größer sein, hauptsächlich wegen der Unsicherheit bei den nicht gravitativen Kräften. Für die Methode spricht, daß viele Ermittlungen unabhängig voneinander gemacht worden sind und alle mehr oder weniger zu den gleichen Ergebnissen kommen. Die Bestimmung der nicht gravitativen Kräfte ist natürlich sehr schwierig, weil man nicht nur die Gesamtgasproduktion während eines Umlaufs wissen muß, sondern auch noch, in welchen effektiven Winkel sie gegangen ist, und der ist praktisch unbekannt. Der ist auch sehr schwer auszumachen, wenn man sich die Anisotropie ansieht.

Herr Domke: Ist es denkbar, daß das Entstehen der Jetstrahlen auf Gebiete beschränkt ist, in denen die Wärmeleitfähigkeit des Kometen sehr schlecht ist, daß also dort das Material sehr stark aufgeheizt wird, während daneben die Wärme in den Kern abfließen kann? Oder spielt die unterschiedliche Wärmeleitfähigkeit dabei keine Rolle?

Herr Keller: Nein. Ich glaube, hier ist es genau umgekehrt. Wenn der Komet so nahe an der Sonne ist – 1 oder 0,5 AE –, dann ist so viel Energie vorhanden, daß die Oberflächentemperatur in einer Größenordnung von 400 bis 500 Grad läge, wenn sie nicht verdampfte. Die Sublimationstemperatur für Wasser ist 200 Grad. Die Oberflächentemperatur von Wassereis steigt aber praktisch nicht über 200 Grad, so daß die Wärmeableitung keine Rolle spielt. Im Gegenteil, alle Anzeichen, die man hat, deuten darauf hin, daß das Material extrem porös ist, auch das Eis selber, und daß die Wärmeleitfähigkeit wahrscheinlich überall außerordentlich schlecht ist.

Ich habe ja gesagt, daß die Natur dieser Sublimation für mich jedenfalls ein Rätsel ist. Es ist schwierig zu sehen, wie sich ein solcher Prozeß an gewissen Stellen aufrechthält. Es sieht so aus, daß von diesen Stellen wirklich der volle Strom von Staub und Gas ungehindert kommt – das heißt, da liegt eigentlich nichts über dem verdampfenden Eis – und an anderen Stellen gar nichts herauskommt. Die Frage ist, was ist die Ursache; ich habe dafür noch keine Lösung.

Herr Thurm: Als Laie könnte ich mir ein anderes Modell vorstellen, in der Art eines aufgeplatzten Kartoffelbovists: also eine geschlossene Kruste, mit einzelnen offenen Stellen, aus denen der Staub aus dem Inneren austreten kann in Abhängigkeit von entstehendem Druck. Ist ein solches Modell denkbar?

Herr Keller: Es ist ein Modell diskutiert worden, bei dem man Gräben hat, so daß man ins Innere schauen kann. Der Nachteil eines solchen Modells mit einem engen Tal ist, daß die Sonne nur ganz kurze Zeit hineinscheint, wenn sie nämlich fast senkrecht darüber steht. Die Aktivität würde daher nur relativ kurz aufflackern. Das scheint nicht mit den Beobachtungen in Einklang zu stehen.

Auf der anderen Seite ist es möglich, um das, was Sie sagen, ein wenig fortzuführen, daß man Höhlen oder Gebiete mit mehr flüchtigen Stoffen hat. Vielleicht gibt es eine Fraktionierung, weil die Aufwärmung der Oberfläche sekular doch auf 50 oder 100 Grad geht im Verhältnis zum Kerninneren, wo die Temperatur vielleicht nur 10 Grad ist. Man könnte sich vorstellen, daß dadurch eine Materialdiffusion stattfindet und daß sich flüchtigere Stoffe wie zum Beispiel CO an irgendwelchen Stellen besonders stark ansammeln, so daß dann der Druck irgendwann so groß wird, daß dort Aktivität entsteht.

Herr Wicke: Ist es möglich, den Massenverlust abzuschätzen, der bei einem Vorbeiflug an der Sonne eintritt, und daraus eine Vorstellung über die Lebensdauer des Kometen zu bekommen?

Herr Keller: Ja, das kann man machen. Wenn man zum Beispiel annimmt, daß man Wassereis hat oder eine Mischung von Wassereis und Staub, dann kann der Fluß an verdampfenden Teilchen berechnet werden. Über einer aktiven Oberfläche gehen ungefähr 10 bis 20 m verloren, Wenn man das über den gesamten Kern mittelt, sind das vielleicht nur noch 2 oder 3 m pro Revolution, weil ja immer nur 10 oder 20 Prozent der Oberfläche aktiv sind. Die Verluste sind also insgesamt in einem solchen Kern doch relativ klein, und der Komet kann mehrere tausend Umrundungen der Sonne aktiv überstehen.

Herr Jaenicke: Sie sprachen von einer teerartigen Substanz. Ich mußte früher einmal aus bestimmten Gründen Polyoxymethylen machen. Irdisches Polyoxymethylen ist ein weißer Festkörper wie ein hartes kristallines Wachs.

Herr Keller: Polyoxymethylen ist ja nur eine Möglichkeit und es ist sicher nicht rein, sondern höchstwahrscheinlich mit Kohlenstoffatomen versetzt. Da gibt es verschiedene Formen. Man würde erwarten, daß diese komplexen organischen Moleküle nicht leicht verdampfen und deshalb sozusagen teerartig sind.

Herr Schreyer: Ich finde es sehr schön, daß nun anscheinend klar bewiesen ist, daß die Meteoriten nicht aus den Kernen von Kometen stammen können, wie man ja bis vor kurzem noch für die kohligen Chondriten angenommen hat. Aber auf der anderen Seite betonen Sie natürlich doch große chemische Verwandtschaften zwischen diesen Staubkörnern und den kohligen Chondriten. Die einzigen Unterschiede würde ich dann wohl hauptsächlich in der Dichte sehen. Die kohligen Chondriten haben eine viel höhere Dichte als die Staubkörner.

Ich darf noch eine Frage anschließen, bei der ich einen gewissen Widerspruch sehe. Sie haben ein Bild von einem Staubkorn gezeigt, und da waren in dessen Kern Natrium, Magnesium, Silizium und Eisen, glaube ich, metallisch. Nun sind aber gerade die kohligen Chondriten die am höchsten oxidierten. Da dürfte also eigentlich kein Metall vorkommen. Könnte der Kern nicht doch aus Silikat sein?

Herr Keller: Ich habe, glaube ich, nicht gesagt, daß kohlige Chondriten und Kometen ein und das gleiche sind.

Herr Schreyer: Sie haben von Übergängen gesprochen und das Wort „chondritisch" häufig benutzt.

Herr Keller: Ja. Aber ich habe gesagt: Kometen als ganzes unterscheiden sich von kohligen Chondriten dadurch, daß sie wesentlich mehr flüchtige Substanzen als die kohligen Chondrite haben, also in der Materie ursprünglicher sind als die kohligen Chondrite. Kohlige Chondrite kann man im Labor untersuchen, auch die flüchtigen Substanzen in ihrem Inneren, die von der Verdampfung der Chondriten beim Eintritt in die Erdatmosphäre unbeeinflußt sind. Dann findet man, daß eben nicht so viel flüchtige Substanzen enthalten sind.

Herr Schreyer: Gut, daß Sie das sagen. Aber auf der anderen Seite gibt es doch diesen Übergang.

Herr Keller: Sie beziehen sich auf die Darstellung: Die Erde hat wenige flüchtige Substanzen, die Meteorite haben mehr, und die kohligen Chondrite haben noch mehr, aber die Kometen haben am meisten. Das ist der Sinn dieses Diagramms gewesen.

Was die Staubteilchen angeht, also die übrigbleibende Struktur, so stimme ich mit Ihnen vielleicht darin überein, daß sie so ähnlich sind wie Chondrite. Es wird aber gesagt, daß, obwohl die chemische Zusammensetzung zum Teil gleich ist, die mineralische Struktur verschieden ist bei den Staubteilchen, die von den Kometen kommen, und denen, die von Chondriten kommen. Dies unter der Annahme, daß ein Teil der interplanetaren Teilchen, die in der Erdatmosphäre eingefangen werden, wirklich von den Kometen kommen.

Herr Schreyer: Aber dann bitte noch einmal: Ist Metall in den Kügelchen, oder ist es Silikat?

Herr Keller: Die Idee ist ja, daß man einen nichtflüchtigen Kern hat, der Silikat, aber auch Metall sein kann, und draußen herum gibt es einen Mantel von semiflüchtigen Substanzen. Ich glaube, Silikatkerne wie auch Metallkerne sind diskutiert worden.

Herr Priester: Es gibt doch Meteorströme, die unmittelbar mit einem Kometen zusammenhängen. Hat man hier auf der Erde schon einmal davon Teile gefunden und analysiert?

Herr Keller: Nein. Es gibt eine ganze Menge Meteoriteneinfälle, und es ist, glaube ich, in allen Fällen so gewesen, daß die Meteorite, die man gefunden hat, nicht unmittelbar mit den Meteorschauern zu tun hatten. Ich glaube, es ist so, daß die Meteorite, die in der Struktur so stark und so dicht sind, daß sie das Durchfliegen der Erdatmosphäre überleben können, nicht von den Kometen kommen, jedenfalls keine Substanzen sind, aus denen der überwiegende Teil der Kometen besteht. Es kann nicht ausgeschlossen werden, daß es verstreut noch andere, mehr refraktäre Teilchen gibt. Andererseits gibt es die sogenannten Feuerbälle, die mit kometaren Schwärmen in Verbindung gebracht werden. Das sind Meteore, die extrem groß sein, bis zu einer Tonne wiegen können. Von denen weiß man, daß ihre Dichte kleiner als 1 ist. Da hat man auch eine Korrelation zu Kometenbahnen. Es ist ein bißchen offen, aber es sieht so aus, daß die Meteorite, die man auf der Erdoberfläche findet, eben nicht Material von Kometen sind, sondern von Asteroiden oder vom Mond oder Mars sind oder wo immer sie herkommen.

Herr Mäcke: Ich kann mir die Kruste des Kerns noch nicht vorstellen. Die Schwärze ist ja so groß, daß es sich da eigentlich nur um irgend etwas Amorphes wie Ruß handeln kann. Stimmt das? Oder hat man da eine Vorstellung, daß das Sichtbare doch etwas Kontinuierliches, Schalenähnliches, Krustenähnliches ist?

Herr Keller: Ich glaube, daß die Oberfläche extrem rauh ist. Wenn man sich die Staubteilchen anschaut, die eingefangen worden sind, so haben sie trotz ihrer Kleinheit – es sind Submikronteilchen – Dichten von unter 1. Die kleinsten Teilchen sind also noch porös; das meiste ist Hohlraum. Es gibt schwere Stoffe darin, und die Struktur ist so extrem porös, daß das Teilchen eben dunkel ist. Nach dem Vorbeiflug hat mir ein Kollege ein Nadelkissen zugeschickt und gesagt:

Es ist doch kein Wunder, daß der Komet so dunkel ist. Das Nadelkissen bestand aus Metallnadeln, die nahe aneinandergelegt worden sind. Das waren Metallnadeln, die poliert waren und stark reflektierten, wenn man von der Seite auf sie schaute. Aber wenn man von oben auf die Nadeln, auf ihre Spitzen blickte, war die Fläche sehr dunkel. Es ist eben so, daß die Oberfläche ganz rauh ist und das Licht mehrfach reflektiert wird. Das bedeutet, daß das Licht nicht wieder zurückkommt. Das hat nichts mit der Farbe zu tun, sondern die Porosität ist einfach extrem absorbierend, und das kometare Material ist in diesem Sinne mikroskopisch rauh.

Herr Staufenbiel: Ich habe eine Frage zu der Entstehung der Schockfront. Wir wissen von der Erde, daß wir eine Schockfront durch die Wechselwirkung zwischen Sonnenwind und Erdmagnetfeld bekommen. Sie haben den Begriff Überschall/Unterschall verwendet, der ja bedeutet, daß irgendwo Teilchen in Wechselwirkung treten. Auf der anderen Seite haben Sie aber von Magnetfeldern gesprochen, die sich irgendwo um den Kometen legen und damit sozusagen ein Fremdfeld beitragen. Wie ist die Schockfront primär zu erklären?

Herr Keller: Sie beruht darauf, daß das mittlere Molekulargewicht des Sonnenwindes ansteigt. Die neutralen Teilchen der Koma – Kohlenstoffatome, Sauerstoffatome – können große Distanzen zur Sonne hin durchlaufen, bevor sie ionisiert werden. Sie haben hohe Ionisationsgrenzen, und bei 10 oder 5 Millionen km werden dann die Teilchen umgeladen und in dem Moment an den Sonnenwind angekoppelt, mit dem Sonnenwind mitgerissen, und sie entziehen dem Sonnenwind Energie. Dadurch wird er immer langsamer, und die Stoßfront kommt dann durch das Umkippen der Geschwindigkeit des Sonnenwindes zustande, wenn der Übergang in ein turbulentes Medium eintritt. Innerhalb dieser Stoßfront sind das Plasma und das Magnetfeld extrem turbulent. Das Magnetfeld spielt dabei nur eine untergeordnete Rolle. Das tritt ja alles in Entfernungen vom Kometen ein, die bei Millionen Kilometern liegen, wo der Kometenkern oder das verdichtete Magnetfeld praktisch noch keine Rolle spielen, sondern das ist wirklich eine Wechselwirkung, die durch die sogenannten Pick-up-Ionen entsteht, die dem Sonnenwind Energie entziehen.

Herr Mäcke: Ich möchte doch noch einmal auf die Schale und ihr außerordentlich poröses Material zurückkommen. Die Oberfläche von so porösem Material muß ja praktisch unendlich sein. Gibt es da Wechselwirkungen mit den gasförmigen Strömungen oder auch mit den Partikeln, die Sie beobachtet haben? Stehen Sie in irgendeinem Verhältnis zu dieser riesengroßen Oberfläche?

Herr Keller: Das wird natürlich einen Einfluß auf die Strömung des Gases haben. Wir nehmen an, daß das Gas nur oder im wesentlichen an den aktiven Stellen entsteht und daß man dann ein Vakuum um den Kern hat, das sozusagen durch das Gas gefüllt wird, welches über die Oberfläche als Brise hinwegströmt. Bei der Wechselwirkung der Brise mit der Oberfläche muß man die Rauhigkeit berücksichtigen. Aber das sind Details.

Herr Mäcke: Das beantwortet nicht ganz meine Frage. Es geht um die ungeheure Vergrößerung der Oberfläche durch die extreme Porosität. Wir gehen immer von einer anschaulichen Oberfläche aus, die man sich mehr oder weniger glatt, vielleicht auch porös vorstellt. Aber wir wissen doch: Je poröser die Oberfläche, desto größer die Oberfläche. Sie sagten vorhin selbst, daß der Stoff fast schwarz ist. Das muß sich auf die Wechselwirkung irgendwie auswirken, nicht nur in bezug auf die Rauhigkeit der Oberfläche, sondern auch auf die in qm ausgedrückte Oberfläche.

Herr Keller: Wechselwirkung womit?

Herr Mäcke: Mit dem Ausstoß an Gas und staubförmigen Partikeln.

Herr Keller: Sie beziehen sich darauf, daß die Sublimation nicht von einer glatten Oberfläche ausgeht, sondern von einer extrem zerklüfteten Oberfläche. Die Untersuchungen zur Sublimation, die bisher gemacht worden sind, gehen von der Annahme einer Boltzmann-Verteilung und einer relativ einfachen Oberfläche aus. Die Wechselwirkung mit der Oberfläche selbst ist nicht berücksichtigt worden. Auf der anderen Seite muß man sagen: In einiger Entfernung innerhalb der Koma spielt die Oberfläche selber eine untergeordnete Rolle, deren Einfluß man nicht mehr sehen kann, weil es darüber so viel Stöße gibt – man hat ja ein hydrodynamisches Gebiet –, daß man die Details der Entstehung der Gasmoleküle, die Effekte der Wechselwirkung mit der Oberfläche nicht mehr messen kann. Aber theoretisch ist das natürlich interessant, die mittlere Ausströmgeschwindigkeit (kinetische Energie) könnte beeinflußt werden durch die Porosität.

Herr Appel: Ich komme noch einmal auf die Zusammensetzung von Staubteilchen – Polyoxymethylen und CHON – zurück, auch im Zusammenhang mit der Farbe. Das sind Zusammensetzungen, die auf Polyoxymethylen, Zucker oder niedere Säureamide oder auch Peptide hinweisen. Nun sind die normalerweise farblos. Wenn diese Teilchen etwas erhitzt werden – denken Sie beispielsweise an Karamelisieren von Zucker –, dann entstehen leicht außerordentlich dunkle Farben. Man kann dem Zucker auch auf chemischem Wege Wasser entziehen, was hier nun gerade nicht der Fall sein wird, etwa mit konzentrierter Schwefelsäure. Dabei quillt die Masse auf, und man bekommt eine hochporöse Masse, ganz tiefdunkel gefärbt und an der Oberfläche durch lauter Blasen und Löcher gekennzeichnet.

Sie sagten, die Temperatur an der Oberfläche sei schätzungsweise 300 K. Das wäre natürlich für einen solchen Karamelisierungsprozeß zu gering. Könnte es aber sein, daß diese Temperatur doch höher ist als die 300 K, daß sie also in die Gegend von vielleicht 500 K kommt?

Herr Keller: Das kommt darauf an, wie nahe der Komet an die Sonne kommt. Wir haben fast 400 K bei 1 AE. Die Änderung geht mit der Wurzel aus der Entfernung. Da können natürlich schon 500 K erreicht werden. Auf der anderen Seite muß man aber berücksichtigen, daß man es hier mit Prozessen zu tun hat, die nicht im Labor innerhalb von Sekunden ablaufen, sondern Hunderttausende oder Jahrmillionen während der Formierung der Kometen gedauert haben und vielleicht sogar Jahrmilliarden dauern können. Viele Prozesse funktionieren auch bei niedrigeren Temperaturen immer noch, wenn man ihnen lange genug Zeit läßt. Wenn wir einen Überschuß von Kohlenstoff haben – und vieles spricht dafür –, werden viele Verbindungen sofort sehr dunkel. Ein Wassereisgemisch mit weniger als 5% Kohlenstoff zeigt ein Reflexionsvermögen, das den gemessenen kometaren Werten nahe kommt.

Herr Höcker: Ich würde gerne wissen, ob Sie sicher ausschließen können, daß sich auf der Schattenseite Gebiete hoher Aktivität befinden.

Herr Keller: Wir können ausschließen, daß es hohe Aktivität gibt, die Staub produziert. Vom Gas wissen wir viel weniger, das sehen wir zunächst gar nicht neben dem vielen Staub in der Nähe des Kerns. Das Gas sehen wir erst in größerer Entfernung. Einige der kleinen Staubstrahlen auf den Giotto Bildern gehen von der Nachtseite des Kerns aus. Sie könnten aber von der Nähe der Tag-Nacht-Grenze auf der hinteren Seite des Kerns kommen, hier gibt es 17° sonnenbeschienene Oberfläche, die sozusagen rechts vom Zentralmeridian liegt. In Projektion können die Strahlen dann gewissermaßen in alle Richtungen weisen.

Die russischen Ergebnisse sind so interpretiert worden – die sowjetischen Bilder erlauben ja eine dreidimensionale Analyse –, daß ein oder zwei Staubstrahlen von einem Teil der Oberfläche kommen, der im Dunkeln gelegen hat. Aber die Staubstrahlen sind schwach. Es ist offensichtlich, daß keine quantitativ wirklich große Staubaktivität von der Nachtseite ausgeht.

Das ist, meine ich, ein gar nicht uninteressantes Problem. Wenn man von dieser Kruste spricht, würde man erwarten, daß die Kruste doch eine gewisse Wärmekapazität hat. Man würde dann auch erwarten, daß die Aktivität, falls sie mit der Kruste zusammenhängt, in die Nachtseite hineingetragen wird. Das ist aber kaum der Fall und scheint ein gewisser Widerspruch zu sein. Die einzelnen Betrachtungen und Schlüsse passen noch nicht so richtig zusammen. Auch deswegen müssen wir noch zum nächsten Kometen fliegen.

Wetter in der oberen Atmosphäre
(50 bis 120 km Höhe)

von *Ulf von Zahn*, Bonn

1. Einleitung

Wir wollen uns im Folgenden mit einem Bereich unserer Atmosphäre beschäftigen, von dem wir im täglichen Leben wenig Notiz nehmen, nämlich dem zwischen 50 und 120 km Höhe. Hier am Erdboden spüren wir nichts von der Existenz dieser Atmosphärenschicht, in der der Luftdruck drei bis sieben Größenordnungen kleiner ist als der in unserer natürlichen Umgebung (Tab. 1). Unsere Motivation, diesen Bereich der Atmosphäre zu studieren, ist in erster Linie wissenschaftliche Neugier, das Unbekannte zu erforschen. Andererseits können und wollen wir natürlich nicht über die Tatsache hinwegsehen, daß die Atmosphäre als Ganzes die Funktion eines Schutzschildes ausübt, der eine Vielzahl lebensfeindlicher Einflüsse abschirmt, die aus dem Weltraum kommend auf die Erde einwirken. Auch die hier diskutierte Höhenschicht trägt zu dieser Schutzfunktion bei: Zum Beispiel werden gerade in diesem Höhenbereich aller kosmischer Staub und Meteoride, sowie Trümmerteile von Satelliten bei ihrem Eintritt in die Atmosphäre so stark abgebremst, daß sie dabei als Sternschnuppen aufglühen und größtenteils verdampfen. In diesen Höhen werden die aus dem Weltraum kommenden energetischen Elektronen mit Energien bis 2 MeV und Protonen bis 30 MeV absorbiert. Auch die ionisierende Strahlung der Sonne mit Wellenlängen kleiner als 0,1 μm wird bereits oberhalb 100 km vollständig absorbiert. Wir wollen aber nach diesen wenigen Beispielen den

Tabelle 1: *Typische Drucke in der Atmosphäre*

Höhe	Druck
0 km	10^3 mbar
50 km	1 mbar
80 km	10^{-2} mbar
110 km	10^{-4} mbar

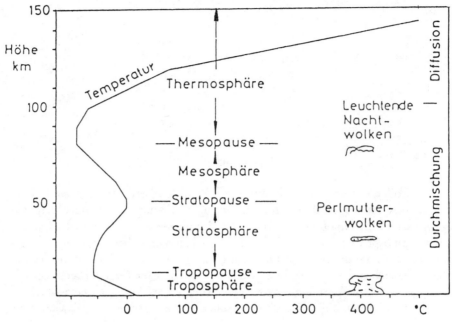

Abb. 1: Aufbau der Erdatmosphäre (nach LILLEQUIST, 1974)

Aspekt des ‚Umweltschutzes‘ wieder verlassen und uns den mehr grundsätzlichen Fragen widmen, wie eigentlich dieser Höhenbereich unserer Atmosphäre aufgebaut ist, und von welchen Prozessen dieser Aufbau und sein Verhalten bestimmt werden.

Die Atmosphäre wird in Anlehnung an ihren vertikalen Temperaturverlauf in ‚Sphären‘ und deren Grenzflächen, die ‚Pausen‘, unterteilt (Abb. 1). Von 0 bis ca. 10 km Höhe erstreckt sich die Troposphäre, von 10 bis 50 km die Stratosphäre, von 50 bis ca. 85 km die Mesosphäre und darüber die Thermosphäre. Besonders hinweisen möchte ich auf die Mesopause, die p. d. das Niveau minimaler Temperatur bei 80 bis 85 km Höhe ist. – Um eine Brücke zu dem derzeit vieldiskutierten Ozon-Problem zu schlagen, möchte ich einfügen, daß das Maximum des Mischungsverhältnisses von Ozon für mittlere Breiten in etwa 35 km Höhe und speziell das sog. antarktische ‚Ozonloch‘ zwischen 12 und 22 km auftreten – also weit unterhalb des hier diskutierten Höhenbereichs.

Im klassischen Gebiet der Meteorologie umfaßt die ‚obere‘ Atmosphäre den gesamten Bereich der Atmosphäre über der Tropopause (also oberhalb 10 km), während in dem jüngeren Wissenschaftszweig der Aeronomie die obere Atmosphäre erst an der Mesopause beginnt (also bei 85 km). Für den Titel dieses Vortrags habe ich mich einerseits der meteorologischen Definition angeschlossen, andererseits aber den Höhenbereich, den wir hier behandeln wollen, deutlich auf den der Mesosphäre und unteren Thermosphäre eingeschränkt. Dieser Höhenbereich der Atmosphäre ist durch eine zunächst erstaunlich große Variabilität seiner thermischen und dynamischen Parameter gekennzeichnet. Nun ist es aber für uns normale Erdenbürger gerade die kurzzeitige Variabilität von Lufttemperatur, Wind und Feuchte, die wir als ‚Wetter' empfinden und bezeichnen. In diesem Sinne werden wir also auch von Wettererscheinungen in der oberen Atmosphäre sprechen dürfen.

Ich möchte das Folgende in vier Abschnitte einteilen: Zunächst werde ich einige Bemerkungen zur Meßmethodik machen; darauf folgt ein sehr gedrängter Überblick über Meßergebnisse; im dritten Teil möchte ich kurz umreißen, wie wir das bereits vorhandene Beobachtungsmaterial zu erklären suchen und im vierten Teil darauf eingehen, was meine eigene Arbeitsgruppe unternimmt, um einige der offenen Fragen zu beantworten.

2. Meßmethodik

Den Höhenbereich von 50 bis 120 km der Atmosphäre erforschen zu wollen, bedeutet auch heute noch eine beträchtliche experimentelle Herausforderung. Forschungsballons steigen – mangels ausreichender Luftdichte – nur bis max. 40 km. Satelliten andererseits können nicht unterhalb 130 km messen. Damit bleibt in dem Zwischenbereich von 40 bis 130 km als einzige Möglichkeit für *in-situ* Messungen das Raketen-getragene Meßinstrument, das seine Messungen nur im freien Frall durchführen kann, i. a. also bei Überschallgeschwindigkeit und pro Raketenstart nur für wenige Minuten.

Temperaturmessungen, die Höhen von 80 km erreichten, wurden zum ersten Male im Jahr 1950 durchgeführt (STROUD et al., 1956). Während einzelner Raketenaufstiege wurde oberhalb 40 km jeweils im Abstand von etwa 5 km eine Granate ausgestoßen und zur Explosion gebracht (Abb. 2). Die Laufzeit der dabei erzeugten Schallwellen und ihre Ankunftsrichtung am Erdboden wurden dort mittels eines Netzes von empfindlichen Mikrophonen genau vermessen. Da die Schallgeschwindigkeit der Wurzel aus der Temperatur proportional ist, lassen sich aus diesen Informationen Höhenprofile der Temperatur gewinnen.

Ab 1952 kam für Messungen in Höhen oberhalb 50 km die Methode der fallenden Kugel zum Einsatz (siehe BARTMAN et al., 1956). Diese benutzen wir auch heute noch für die Messung von Dichte, Wind und Temperatur in der Mesosphäre. Dabei werden zusammengefaltete Ballons auf Höhen von 110 bis 120 km geschossen, dort aus der Raketennutzlast ausgestoßen und zu Kugeln von 1 m Durchmes-

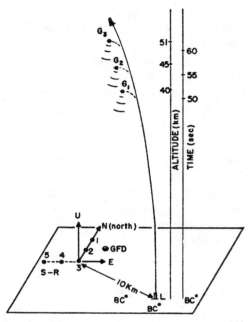

Abb. 2: Illustration zur Messung atmosphärischer Temperaturen mittels der ,Granaten-Technik':
        es werden in der mittleren Atmosphäre Granaten zur Explosion gebracht und die dabei
        erzeugten Druckwellen durch ein am Erdboden befindliches Netz von Mikrophonen regi-
        striert (aus STROUD et al., 1956).

ser aufgeblasen. Diese fallen dann frei nach unten, gebremst nur durch aero-
dynamischen Widerstand. Der zeitliche und örtliche Verlauf der Fallkurve wird
durch ein Radar vom Erdboden aus möglichst genau vermessen. Aus den so
gewonnenen Geschwindigkeitsvektoren V und deren zeitlicher Ableitung läßt
sich gemäß Gleichung (1) die Luftdichte ϱ als Funktion der Höhe z bestimmen,
vorausgesetzt, man kennt auch den zugehörigen Wert des Widerstandsbeiwer-
tes C_D.

gemessene Beschleunigung	=	Schwere- beschleunigung	−	Abbremsung auf Grund des aero- dyn. Widerstands	
$\dfrac{d V_z}{d t}$	=	g	−	$\dfrac{\varrho}{2\,m}\, C_D\, A\, v\, V_z$	(1)

mit

      m   Masse der Kugel

      V_z,   z – Komponente der Fallgeschwindigkeit

z	Höhe
t	Zeit
g	Schwerebeschleunigung
ϱ	Luftdichte
C_D	Widerstandsbeiwert der Kugel
A	Querschnittsfläche der Kugel
v	Betrag der Anströmgeschwindigkeit für die Kugel

Aus einem so bestimmten Dichteprofil $\varrho(z)$ läßt sich unter Annahme von hydro-statischem Gleichgewicht mittels Gleichung (2) auch ein Temperaturprofil $T(z)$ gewinnen, das allerdings an seiner Oberseite z_o unbestimmt bleibt. Dort muß man das Profil mit einem Anfangswert T_o beginnen, den man üblicherweise aus einer Referenz-Atmosphäre entnimmt. Diese Methode liefert heute Dichtewerte unterhalb ca. 90 km und brauchbare Temperaturwerte unterhalb 80 km.

$$T(z) = \frac{\varrho_o}{\varrho(z)}\,T_o + \frac{1}{\varrho(z)\,R} \int\limits_z^{z_o} g(z')\,\varrho(z')\,dz' \qquad (2)$$

mit

T	Temperatur
ϱ_o, T_o	freie Parameter an Obergrenze z_o
R	allgem. Gaskonstante

Und welche Möglichkeiten eröffnen die *Fernmeßmethoden*? Auch auf diesem Gebiet waren die Möglichkeiten bis vor rund zwanzig Jahren sehr begrenzt. Zwar können wir am Erdboden im Sichtbaren einige Spektrallinien empfangen, die von angeregten Luftmolekülen und Radikalen aus Höhen ≥ 80 km emittiert werden. Aus diesen können z. B. Rotationstemperaturen bestimmt werden; aber – und hier kommt das Problem – diese Emissionen tragen keine eigenen Informationen, aus welchen Höhen sie eigentlich kommen. Atmosphärische Emissionen im thermischen Infrarot können von Satelliten aus gemessen und bekanntlich für eine Analyse von Temperaturprofilen der chemischen Zusammensetzung der *Stratosphäre* benutzt werden. Jedoch kann die *Mesosphäre* wegen ihrer kleineren optischen Dichte nur mittels Horizont-abtastender und daher komplexer Forschungssatelliten untersucht werden. Aber auch mit solchen sehr aufwendigen Geräten sind nur wenige Parameter der Mesosphäre und diese nur bis ca. 80 km Höhe meßbar.

Große Fortschritte in unseren Kenntnissen über die in Höhen zwischen 50 und 120 km Höhe ablaufenden Prozesse wurden durch die Entwicklung *aktiver*

Fernmeßmethoden gemacht. In erster Linie sind hier eine Fülle von Radarver-
fahren zu nennen, die heute das ganze Frequenzspektrum elektromagnetischer
Wellen von einigen MHz bis zu einem GHz für ihre Messungen benutzen. Die
ausgesendeten Wellen werden einerseits nicht direkt an Inhomogenitäten der neutralen Atmosphäre reflektiert, sondern an denen des eingelagerten Plasmas. Andererseits folgt dieses Plasma aber im hier betrachteten Höhenbereich weitgehend
den Bewegungen der neutralen Atmosphäre. Radarmessungen erlauben uns daher
heute tiefgehende Einblicke in die dynamischen Prozesse, die oberhalb 65 km
ablaufen.

Eine zweite moderne Methode zur Erforschung der Atmosphäre oberhalb
50 km benutzt das Licht-Radar, auch kurz Lidar genannt. Hierbei steht ein Hoch-
leistungslaser am Erdboden, der periodisch Lichtblitze (im Sichtbaren) vertikal
nach oben aussendet. Diese können entweder durch Rayleigh-Streuung an Luftmolekülen oder durch Resonanzstreuung an speziellen Spurengasatomen in Richtung Erdoberfläche zurückgestreut werden. Wie ich weiter unten zeigen werde,
können wir heute mit diesen Methoden z. B. gut aufgelöste Temperaturprofile
bis 110 km Höhe gewinnen.

3. Ergebnisse

Natürlich kann ich an dieser Stelle nur ganz selektiv Ergebnisse der vielfältigen
Beobachtungen aus dem Höhenbereich 50 bis 120 km präsentieren. Einer der wich-
tigsten Strukturparameter ist sicher die Temperatur und ihr vertikaler Verlauf.
Fügt man das gesamte Beobachtungsmaterial zu einem globalen Mittel zusammen,
so erhält man eine Temperaturkurve wie in Abb. 3 gezeigt. Sie ist durch ein Temperaturmaximum von 270 K bei 50 km Höhe und ein Minimum von 187 K bei
88 km gekennzeichnet.

Wie wird dieses Profil heute interpretiert? Zunächst gilt, daß das Maximum bei
50 km ausschließlich durch die Absorption solarer Energie durch Ozon erzeugt
wird. Dies bedeutet, daß ein Spurengas wie Ozon, das an keiner Stelle der Atmosphäre mehr als ein 1/100 000stel der Atmosphäre ausmacht, dennoch in der Lage
ist, die thermische Struktur dieser Atmosphäre massiv zu beeinflussen. Das Minimum bei ca. 88 km hat jedoch eine kompliziertere Ursache: Einerseits wird die
lokale Wärmebilanz durch Aufnahme und Abgabe von Strahlungsquanten beeinflußt, andererseits fließt auf Grund molekularer Wärmeleitung Wärme aus der
Thermosphäre in die Mesopausenregion. Eine quantitative Berechnung der in
dieser Höhe ablaufenden Strahlungsprozesse wird durch folgende Tatsache enorm
erschwert: Dasjenige Molekül, das in diesen Höhen am meisten zur Opazität im
Infrarot beiträgt, nämlich CO_2, ist nicht mehr im lokalen thermodynamischen

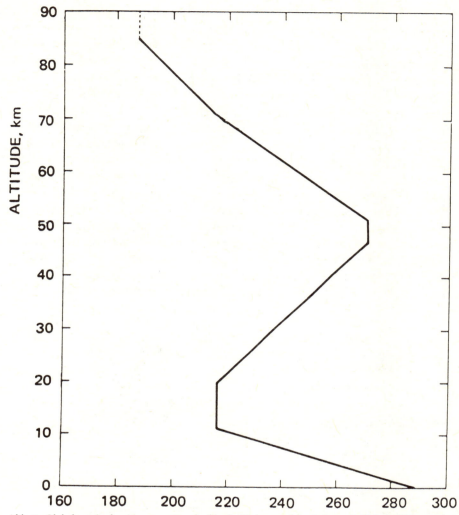

Abb. 3: Global gemittelter Temperaturverlauf in der Erdatmosphäre (schematisch) (aus USSA 1976).

Gleichgewicht. Dieser Umstand macht die entsprechenden Rechnungen nicht nur viel aufwendiger als im Falle des thermodynamischen Gleichgewichts, sondern auch unsicherer. Denn bei Nicht-Gleichgewicht gehen in die Rechnung zusätzliche Parameter ein, wie z. B. verschiedene Quenching-Koeffizienten, die keineswegs alle sicher bekannt sind.

Läßt sich das gezeigte Temperaturprofil allein durch die Annahme von Strahlungsgleichgewicht verstehen? Unter Strahlungsgleichgewicht verstehen wir einen Zustand der Atmosphäre, bei dem sich ihre Temperatur ausschließlich als Bilanz der absorbierten und emittierten Strahlung ergibt (absorbiert wird dabei sowohl solare als auch terrestrische IR-Strahlung). Es werden dabei keine Wärmetransporte durch Luftbewegungen oder Wärmeleitung berücksichtigt oder benötigt. Es ist interessant festzuhalten, daß sich die mittlere Atmosphäre *im globalen Mittel* nahezu in einem solchen Strahlungsgleichgewicht befindet (siehe z.B. APRUZESE et al., 1982). Dieser Befund mag uns ermutigen, im nächsten Schritt auch die *Breitenabhängigkeit* der Temperaturen unter der Annahme von Strahlungsgleichgewicht berechnen zu wollen, d. h. unter weitgehender Vernachlässigung der Wirkungen dynamischer Prozesse. Derartige Modellrechnungen wurden wiederholt durchgeführt. Ich zeige in Abb. 4 entsprechende Ergebnisse von MEMMESHEIMER (1985). Das Temperaturfeld wurde für den 1. Januar berechnet. Daher ist am linken Rand der Sommerpol, in der Mitte der Äquator und am rechten Rand der Winterpol. Für den Höhenbereich zwischen 60 km und 90 km finden wir das ursprünglich erwartete Ergebnis: Über dem Sommerpol, wo die Sonne 24 h pro Tag scheint, ist die Atmosphäre wesentlich wärmer als über

Abb. 4: Berechnete Strahlungsgleichgewichts-Temperaturen (in K) für den 1. Januar. Für den Winterpol ergibt sich eine Mesopausentemperatur von etwa 95 K, für den Sommerpol etwa 209 K (aus MEMMESHEIMER, 1985).

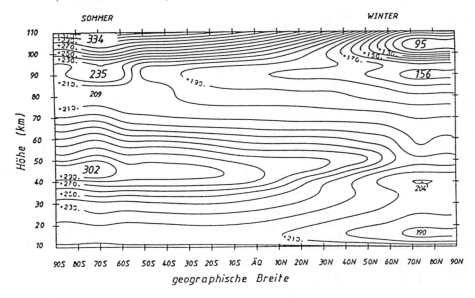

dem Winterpol, der ja im ständigen Dunkel liegt. Wir wollen nun dieses Rechenergebnis mit den vorhandenen Beobachtungen vergleichen, und zwar gleich in
hohen und polaren Breiten, da ja dort die jahreszeitlichen Temperaturvariationen
am ausgeprägtesten sein sollten.

Das Ergebnis dieses Vergleichs vorwegnehmend möchte ich sagen, daß sich
die Natur völlig anders verhält, als es von diesem Typ von Modellrechnungen vor-
hergesagt wird. Zweifel an der Realität der so berechneten hohen Mesopausentemperatur über den Sommerpolen erweckt seit langem die Tatsache, daß gerade
im Hochsommer in hohen Breiten vielfach die sog. ‚nachtleuchtenden Wolken'
beobachtet werden. Tafel Ia zeigt ein Beispiel solcher Wolken, die ich in diesem
Sommer von Tallinn (Estland) aus fotografieren konnte. Charakteristisch ist,
daß am Ort des Beobachters die Sonne bereits mehr als 6° unter dem Horizont
steht, während die Wolken offensichtlich noch sonnenbeschienen sind. Aus
Triangulationen weiß man bereits seit 100 Jahren, daß diese nachleuchtenden
Wolken typischerweise in einer Höhe von 83 ± 2 km vorkommen (JESSE, 1890;
für eine Einführung in die Historie der Beobachtungen nachtleuchtender Wolken
siehe GADSDEN, 1982). Wie aber sollte diese Wolke aus etwas anderem als Wassereis
bestehen? Bei einer unter Annahme von Strahlungsgleichgewicht berechneten
Temperatur von 210 K ist der Sättigungsdampfdruck von Wasser etwas größer
als 10^{-2} mbar, was jedoch mehr als der Totaldruck in 83 km Höhe ist! Selbst
wenn die Atmosphäre in dieser Höhe zu 100% aus Wasserdampf bestünde, auch
dann würden bei 210 K keine Wolken aus Wassereis entstehen können. Es liegt
daher nahe, die Frage andersherum zu stellen: Angenommen, wir wüßten den
Totaldruck und auch das Mischungsverhältnis von Wasser in 83 km Höhe, wo
läge dann die Kondensationstemperatur für Wasserdampf? Nehmen wir für das
Mischungsverhältnis von Wasser den Wert von 4 ppm an (er ist kaum genauer
als auf einen Faktor 2 bekannt), so ergibt sich eine Kondensationstemperatur
von 143 K, also rund 65 K niedriger als die Strahlungsgleichgewichts-Temperatur.
Die Wolkenbeobachtungen verlangen zu ihrer Erklärung also viel tiefere als Strahlungsgleichgewichts-Temperaturen.

Es kamen aber weitere erstaunliche Beobachtungsdaten hinzu. Die bereits
erwähnten Temperatursondierungen mittels Granatentechnik wurden in den
Jahren 1957 bis 1967 auch in hohen und polaren Breiten durchgeführt. Ein frühes
Ergebnis dieser Meßserie (STROUD et al., 1959) zeigt Abb. 5. Nicht nur ergaben
diese Messungen im Sommer eine niedrige Temperatur von 175 K, sondern es werden zusätzlich im Winter wesentlich höhere Temperaturen als im Sommer gefunden. Wir sollten aber auch vermerken, daß von STROUD et al. im Winter ein echtes
Temperatur*minimum* oberhalb 60 km Höhe nicht gemessen wurde und es daher
offen blieb, wie tief die Temperatur eventuell in den darüberliegenden Schichten
noch fällt.

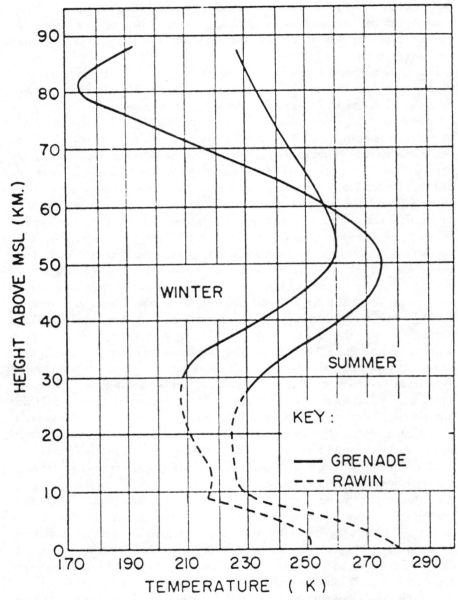

Abb. 5: Ergebnisse der ersten Messungen von Temperaturprofilen der Mesosphäre in hohen Breiten (59°N) (aus Stroud et al., 1959).

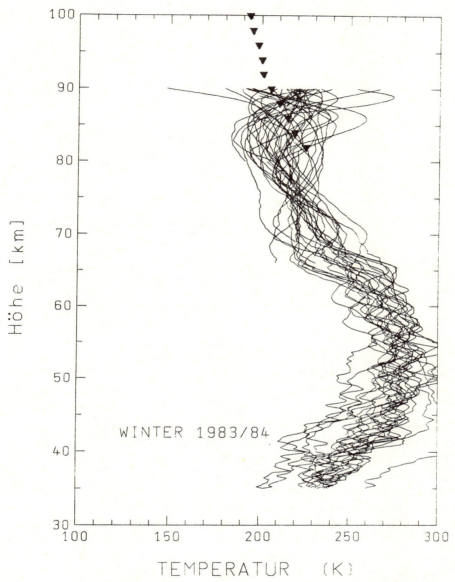

Abb. 6: Eine Serie von Temperaturprofilen, die alle im Winter 1983/84 mittels der Technik der fallenden Kugeln bei 69°N Breite gewonnen wurden (nach VON ZAHN and MEYER, 1989). Die Dreiecke zeigen Mittelwerte von Temperaturen oberhalb 90 km Höhe, die mittels Lasersondierungen am gleichen Ort und in der gleichen Jahreszeit gemessen wurden (aus NEUBER et al., 1988).

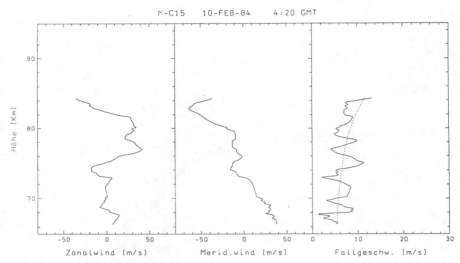

Abb. 7: Räumlich hochaufgelöstes Windprofil von 66 bis 84 km Höhe, das durch Bahnverfolgung
einer frei fallenden Folienwolke gewonnen wurde. Die linke Kurve zeigt die zonale Komponente des Windes (positiv nach Osten), die mittlere die meridionale (positiv nach Norden);
die rechte Kurve zeigt die gemessene Fallgeschwindigkeit der Folienwolke (aus MEYER, 1988).

Die Annahme, daß dynamische Prozesse für die Wärmebilanz der Mesosphäre
weitgehend vernachlässigbar sind, wird vollends unglaubhaft, wenn man moderne
Messungen von Dichte, Temperatur und Wind sieht. Was heißt hier ‚modern‘?
Es sollen solche sein, deren Höhenauflösungsvermögen mindestens 1 km oder
gar besser beträgt. Die folgenden Abbildungen sollen einige Beispiele solcher
Daten zeigen. Abb. 6 zeigt – übereinander gezeichnet – eine Serie von Temperaturprofilen, die meine Arbeitsgruppe im Winter 1983/84 in Nord-Norwegen bei
69°N gemessen hat (VON ZAHN and MEYER, 1989). Die benutzte Technik ist hier die
der ‚fallenden Kugeln‘. Man erkennt, daß sich einerseits bei der Vielzahl der
Messungen ein mittleres Profil durchaus definieren läßt, andererseits aber *jedes*
individuelle Profil eine Fülle von überlagerten Wellen zeigt. Natürlich fragt
man sich sofort, ob diese Wellen wirklich existieren oder Meßfehler sind. Ich
möchte statt einer Antwort zunächst auf Abb. 7 eingehen. Hier handelt es sich um
räumlich hoch aufgelöste Windmessungen im Höhenbereich von 66 bis 84 km
(VON ZAHN and WIDDEL, 1985). Für diese Messungen wurden von einer kleinen
Rakete in 85 km Höhe einige tausend hauchdünner, aluminisierter Kunststoff-
Folien ausgestoßen, deren Fallbahn dann vom Boden aus mit einem Radar vermessen wurde. Auch hier erkennen wir wieder eine enorme vertikale Struktur von
Windgeschwindigkeit und -richtung. Als letztes Beispiel dieser Serie zeigt Abb. 8

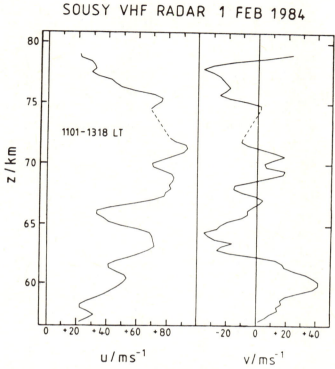

Abb. 8: Ein mit dem Mesosphären-Radar SOUSY aufgenommenes mesosphärisches Windprofil (RÜSTER et al., 1986). Die linke Kurve zeigt die zonale Komponente des Windes, die rechte die meridionale. Standort des Instrumentes: Insel Andoya (69°N).

nochmal Windmessungen von dem gleichen Höhenbereich und nahezu gleichem Ort und Zeitpunkt wie Abb. 7, diesmal aber mit einem sog. Mesosphären-Radar aufgenommen (RÜSTER et al., 1986). Links ist die zonale Windkomponente, rechts die meridionale aufgetragen. Auch sie zeigen diese wellenartigen Strukturen, von denen wir nun ohne weiteren Beweis glauben wollen, daß sie nicht nur real vorhanden, sondern sogar charakteristisch für den hier diskutierten Höhenbereich sind. In realiter bedeuten sie, daß z. B. im Niveau der Mesopause die Windgeschwindigkeiten innerhalb einer Stunde um 100 m/s, die Temperaturen um 40 K schwanken können! Wenn das kein lebhaftes Wetter ist! Der Höhenbereich 50 bis 120 km ist gegenüber den anderen Bereichen der Atmosphäre durch eine besonders hohe kurzzeitige Variabilität aller seiner Zustands- und Dynamikparameter ausgezeichnet, bei denen sogar Parameterkombinationen auftreten, die zur Wolkenbildung zwischen 80 und 85 km Höhe führen. Wir können also mit Fug und Recht von einer weiteren Wetterzone in der Atmosphäre sprechen.

4. Modell-Vorstellungen
(für den Höhenbereich um 85 km)

Welche Ansätze der Erklärung für die zunächst unerwarteten Beobachtungs-
ergebnisse gibt es nun? Das erste grundsätzlich neue Faktum, das man in die
Betrachtungen einbeziehen muß, ist, daß die Winde oberhalb etwa 75 km nicht
mehr sog. ‚geostrophische Winde' sind. Zur Erläuterung des Begriffs ‚geostrophisch' möchte ich kurz auf die horizontalen Bewegungsgleichungen (3) für Luft
hinweisen, die lauten

$$\frac{d\vec{v}}{dt} \; = \; - \; \frac{1}{\varrho} \vec{\nabla}p \quad - \quad [\vec{f} \times \vec{v}] \quad - \quad K_r \, \vec{v}$$

Druck-	Coriolis-	Reibungs-
gradienten-	beschl.	term
beschl.		

falls Summe = 0:
‚geostrophischer'
Wind

mit

$\vec{v}$ = Windgeschwindigkeit
p = Luftdruck
ϱ = Luftdichte
$\vec{f}$ = vertikaler Coriolis Parameter
$K_r \, \vec{v}$ = ‚Rayleigh'-Beschleunigung.

Winde werden als geostrophisch bezeichnet, wenn ihre Richtung und Stärke
allein durch eine Bilanz der Beschleunigung in Richtung des Druckgradienten
und der Coriolis-Beschleunigung bestimmt werden. Ideal geostrophische Winde
blasen *parallel* zu den Isobaren und führen daher zu keinem Druckausgleich
zwischen Hochdruck- und Tiefdruckgebieten. Im gesamten Höhenbereich unterhalb 70 km sind die großräumigen Winde weitgehend geostrophisch.

Um eine bessere theoretische Beschreibung der oberhalb 75 km beobachteten
Winde zu erreichen, kann man, einem Vorschlag von LEOVY (1964) folgend,
die horizontale Bewegungsgleichung (3) der Winde um einen Reibungsterm erweitern, die sog. ‚Rayleigh'-Reibung. Durch geeignete Wahl des Reibungskoeffizien-
ten und seiner Höhenabhängigkeit kann man dann eine halbwegs befriedigende
Übereinstimmung zwischen Modellrechnungen für die globale Zirkulation und

Tabelle 2: *Entwicklung von Modellen der Mesopausenregion*

Jahr	Autoren	Beitrag	Höhenbereich
1960	HINES	postuliert Schwerewellen in der oberen Atmosphäre	
1961	MURGATROYD and SINGLETON	meridionale Zirkulation aus Heizraten, Energie- und Massenerhaltung	10–80 km
1964	LEOVY	Energie-, Massen- und Impulsbilanz; Einführung ‚Rayleigh-Reibung'	20–82 km
1978	SCHOEBERL and STROBEL	Rayleigh-Reibung = f (z); besserer Stahlungsalgor.; erstes Mesopausen-Modell	20–125 km
1978	HOUGHTON	Vorschlag: Rayleigh-Reibung durch Schwerewellen	
1981	LINDZEN	Parametrisierung der Abbremsung der zonalen Strömung durch Schwerewellen und Gezeiten	
1983	HOLTON	semispektrales Zirkulationsmodell einschl. Abbremsung durch Schwerewellen	16–116 km
1983/ 1985	GARCIA and SOLOMON	dynamisch/photochemisches Modell einschl. Abbremsung durch Schwerewellen	16–116 km

den Beobachtungen erlangen. Die Einführung dieses Reibungsterms ist aber natürlich nur ein mathematisches Hilfsmittel und *keine* wirklich physikalische Erklärung für den Prozeß, der die Zirkulation in der oberen Mesosphäre ageostrophisch macht. Was aber ist der wahre Mechanismus, der dies bewirkt?

Hier erinnern wir uns an die starke Variabilität der oberen Atmosphäre, die ich bereits mit einigen Abbildungen demonstriert habe. In einem ersten Schritt (siehe Tab. 2) postulieren wir nach HINES (1960), daß diese Variabilität ihre Ursache in der Ausbreitung von sog. Schwerewellen hat, auf die ich gleich noch kurz eingehen werde. In einem zweiten Schritt machen wir nach HOUGHTON (1978) die Annahme, daß es die mit der Ausbreitung dieser Wellen verbundene Deposition von Impuls in die Hintergrundströmung ist, die zur beobachteten Ageostrophie der mesosphärischen Zirkulation führt. In einem dritten Schritt, der erst vor wenigen Jahren getan wurde, wurde dann durch Modellrechnungen gezeigt, daß diese ageostrophische Zirkulation zu großräumigen vertikalen Luftbewegungen in polaren Breiten führt. Abb. 9 zeigt den Charakter der meridionalen Strö-

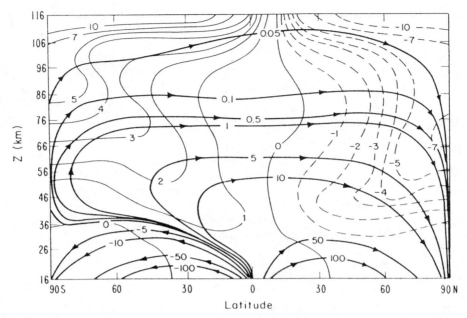

Abb. 9: Massenflüsse (starke Linien; in kg m^{-1} s^{-1}) und die Verteilung der netto diabatischen Heiz-
raten (dünne Linien; in K d^{-1}) in der mittleren Atmosphäre für 21. Dezember, berechnet
mittels eines 2-dimensionalen, zeitabhängigen Modells der mittleren Atmosphäre von GARCIA
and SOLOMON (1983).

mungen, wie er in einem Atmosphärenmodell von GARCIA and SOLOMON (1983)
berechnet wurde. Die in polaren Breiten auftretenden vertikalen Luftbewegungen
wären demnach für den dort beobachteten, inversen jahreszeitlichen Gang der
Temperaturen verantwortlich. Diese Gedankengänge bedeuten, falls sie stimmen,
daß die thermische Struktur der Mesosphäre weitgehend durch die Existenz und
Ausbreitung von Schwerewellen in der mittleren Atmosphäre bestimmt wird.

Was aber sind Schwerewellen? Zunächst: Es sind keine Gravitationswellen!
In der Atmosphärenphysik sind Schwerewellen verallgemeinerte akustische Wellen. Sie grenzen sich gegen die akustischen Wellen durch Periodendauern von
etwa 5 Minuten bis zu 8 Stunden ab. Die Verallgemeinerung gegenüber den akustischen Wellen besteht in der Tatsache, daß für ihre Ausbreitungsmoden die
Schwerkraft der Erde eine entscheidende Rolle spielt. Da die Schwerkraft nur in
vertikaler Richtung wirkt, sind auch die Ausbreitungseigenschaften der Schwerewellen in vertikaler und horizontaler Weise recht unterschiedlich. Um die Ausbreitungseigenschaften dieser Wellen studieren zu können, gehen wir von zwei
Bewegungsgleichungen, der Massen-Kontinuitätsgleichung und einer Adiabaten-
gleichung aus (siehe Gleichungen 4a–4d):

$$\varrho \, \frac{\partial v_z}{\partial t} + \frac{\partial p}{\partial z} + \varrho g \qquad = 0 \qquad\qquad (4\,a)$$

$$\varrho \, \frac{\partial v_x}{\partial t} + \frac{\partial p}{\partial x} \qquad\qquad = 0 \qquad\qquad (4\,b)$$

$$\frac{d\varrho}{dt} + \varrho \left\{ \frac{\partial v_x}{\partial x} + \frac{\partial v_z}{\partial z} \right\} = 0 \qquad\qquad (4\,c)$$

$$\frac{dp}{dt} - c^2 \frac{d\varrho}{dt} \qquad\qquad = 0 \qquad\qquad (4\,d)$$

mit

  v_z = vertikale Komponente der Luftgeschwindigkeit
  v_x = horizontale Komponente der Luftgeschwindigkeit (in Richtung der
      Wellenausbreitung)
  g = Schwerebeschleunigung
  c = Schallgeschwindigkeit

Der einzige Unterschied zum Ansatz für akustische Wellen liegt darin, daß wir hier korrekterweise in der vertikalen Bewegungsgleichung (4 a) die Schwerkraft berücksichtigen. Unter den verschiedenen, erlaubten Wellentypen gibt es solche mit Lösungen der Art

$$\varrho^* = R \cdot e^{\frac{z}{2 \cdot H}} \cdot e^{i \, (\omega t - k_z \cdot x - k_z \cdot z)}, \qquad\qquad (5)$$

mit

  ϱ^* = relative Dichtestörung = $(\varrho - \bar\varrho)/\bar\varrho$
  $\bar\varrho$ = mittlere Dichte
  R = Amplitude
  H = Skalenhöhe des Druckes
  k_x, k_z = Wellenzahlen

Die durch (5) beschriebenen Wellen heißen ‚interne' Schwerewellen. Sie breiten sich sowohl horizontal als *auch vertikal* aus. Die Amplituden der Störterme, z. B. ϱ^* und T^*, wachsen mit der Höhe exponentiell wie e hoch $+z/2H$, und in diesem Wachstum mit der Höhe liegt die Bedeutung dieser Wellen. Die Druckskalenhöhe H beträgt in der mittleren Atmosphäre etwa 7 km. Daher muß beim Aufsteigen der Welle in die obere Atmosphäre die Amplitude der relativen Störung etwa alle 32 km um eine Größenordnung zunehmen. Oder als Beispiel formuliert: Eine Schwerewelle, z. B. an einem Gebirgszug mit einer Störamplitude von 0,1% erzeugt, würde in 64 km Höhe eine Amplitude von rund 10% der ungestörten Dichte bzw. Temperatur annehmen. Voraussetzung einer Ausbreitung über große Höhenintervalle und auch große horizontale Entfernungen ist natürlich, daß diese Ausbreitung nahezu ohne Verlust an Wellenenergie erfolgt, oder in anderen Worten, frei von Dissipation. Die Natur richtet das wirklich in vielen Fällen so ein.

Damit genug der Einführung von Schwerewellen. Ihre Existenz steht fest und braucht heute nicht mehr weiter bewiesen zu werden. Gemessen werden müssen jedoch ihre geophysikalischen Eigenschaften: das Spektrum ihrer vertikalen Wellenlängen und Perioden, ihre Anregungsmechanismen, ihre bevorzugten Ausbreitungsrichtungen, der Einfluß des Wind- und Temperaturfeldes auf die Ausbreitung dieser Wellen, ihre Dissipationsmechanismen und alle diese Eigenschaften und Prozesse in Abhängigkeit von der Höhe, der geographischen Breite, der Jahreszeit usw. Kein Rechner dieser Erde kann uns die Parameter dieses komplexen Wellenfeldes *ab initio* ausrechnen. Hier hilft nur messen, messen und nochmal messen.

5. Eigene Beiträge

Was aber kann man eigentlich messen? Was sollte man messen? Diese Fragen in aller Allgemeinheit zu beantworten, würde hier zuviel Raum beanspruchen. Ich möchte stattdessen erläutern, welche Ziele wir in unserer eigenen Arbeitsgruppe verfolgen.

5.1 Temperaturmessungen in hohen Breiten

Die Fähigkeit der dynamischen und photochemischen Atmosphären-Modelle, die extremen Zustände in polaren Breiten befriedigend wiederzugeben, sollte einen wichtigen Test für die Qualität dieser Modelle abgeben. Es besteht jedoch ein großer Mangel an sauberen Temperaturmessungen im Bereich der Mesopause und das ganz besonders für hohe und polare Breiten, so daß der angestrebte quantitative Test der Modelle in dieser Form kaum möglich ist. Wir haben es uns daher zur Aufgabe gestellt, diesem Mangel (im Rahmen unserer Möglichkeiten) abzuhelfen. Alle im Folgenden gezeigten Resultate meiner Arbeitsgruppe wurden in Nord-Norwegen bei 69°N geographischer Breite (also 2° nördlich vom Polarkreis) gewonnen. Zum Zwecke der Temperaturmessungen benutzen wir zwei Methoden:

(a) Dichte- und Temperaturmessungen mittels fallender Kugeln.

Die Methode ist, wie bereits beschrieben, seit langem im Einsatz. Im Vergleich zu den bisherigen Experimenten setzen wir folgende Verbesserungen ein: leichtere Kugeln, höher fliegende Raketen, ein besseres Radargerät und Durchführung der Experimente in polarer Breite. Tafel Ib zeigt die Lage der Forschungsstation auf der Nordspitze der Insel Andoya. Tafel IIa zeigt die Größe der verwendeten meteorologischen Raketen, die die aufblasbaren Kugeln auf 115 km Höhe tragen. Der Start der Raketen und die Radarverfolgung wird durch eine Mannschaft der DFVLR besorgt. Abb. 10 zeigt auf der linken Seite das Ergebnis von 26 solchen Experimenten, alle im *Sommer* 1987 innerhalb von drei Wochen durchgeführt. Auf der rechten Seite findet man eine entsprechende Serie von Messungen, die alle im *Winter* 1983/84 durchgeführt wurden. Man erkennt sofort, daß die Spektren der Schwerewellen in den beiden Jahreszeiten charakteristische Unterschiede aufweisen. Abgesehen von diesem Hinweis möchte ich den Aspekt der Wellenaktivität hier nicht weiter behandeln, sondern mich gleich dem mittleren Temperaturprofil widmen. Abb. 11 zeigt dieses mittlere Hochsommer-Profil als durchgezogene Linie und vergleicht es mit einer der erst 1987 veröffentlichten, empirischen Referenzatmosphäre von GROVES (1987), die durch Rhomben dargestellt ist. Unsere gemessene Mesopausentemperatur liegt mit 130 K wesentlich tiefer als die im Modell angenommene. Der hier bestehende Unterschied ist von entscheidender Bedeutung z.B. für das Verständnis des Entstehens der vorher erwähnten nachtleuchtenden Wolken. Bei 130 K beträgt der Sättigungsdampfdruck von Wasser nur etwa $4 \cdot 10^{-10}$ mbar, bei 155 K jedoch ist er um einen Faktor 2000 höher. Daher ist bei der von uns gemessenen Mesopausen-Temperatur die Kondensation von Wasserdampf sehr wahrscheinlich, bei dem in der Referenzatmosphäre angenommenen Wert jedoch völlig unmöglich.

Möchte man die Temperaturmessungen über Höhen von 90 km hinaus erweitern, so ist dies mit der bisher von mir dargestellten Technik der fallenden Kugeln nicht möglich. Dieses Konzept wurde aber in den vergangenen Jahren erfolgreich in der Art erweitert, daß die Kugeln als starre Kugeln ausgeführt wurden, in die hochempfindliche Dreiachsen-Beschleunigungsmesser eingebaut sind. Diese Beschleunigungsmesser sind in der Lage, die durch Luftreibung an den fallenden Kugeln verursachten Beschleunigungen direkt zu messen und zur Bodenstation zu funken. Mit diesen Instrumenten lassen sich Luftdichte und -temperatur bis zu 150 km Höhe messen. Leider ist ein wesentlicher Nachteil dieser Methode ein so hoher Preis, daß an irgendwelche Reihenmessungen mit diesen Instrumenten überhaupt nicht zu denken ist. Natürlich ändert diese Tatsache nichts an unserem Wunsch, solche Messungen dennoch durchzuführen.

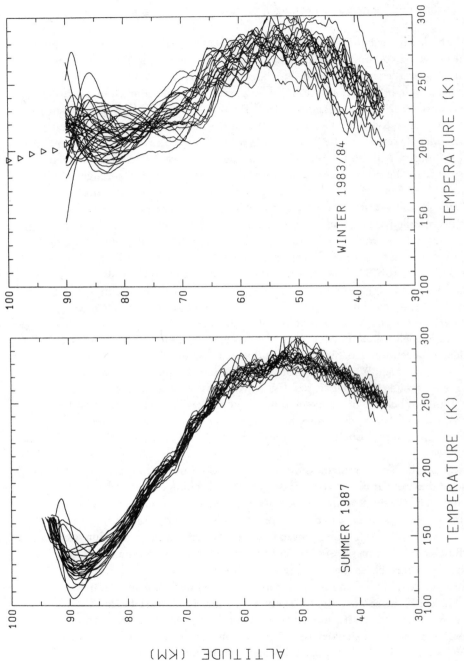

Abb. 10: Vergleich von Temperaturprofilen, die im Sommer (links) und Winter (rechts) bei 69°N Breite mittels der Bahnverfolgung fallender Kugeln gewonnen wurden (aus von ZAHN and MEYER, 1989). Deutlich erkennbar sind erhebliche jahreszeitliche Unterschiede in Temperatur und Höhe der Mesopause, sowie in der überlagerten Wellenaktivität.

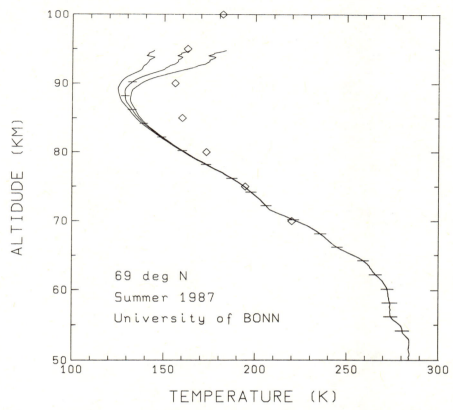

Abb. 11: Aus 26 gemessenen Dichteprofilen ermitteltes Temperaturprofil für Hochsommer in 69°N Breite (nach von Zahn and Meyer, 1989). Die Integration nach Gleichung (2) wurde für drei unterschiedliche Anfangswerte T (95 km) begonnen. Die Romben repräsentieren Temperaturen, die der Referenz-Atmosphäre von Groves (1987) entnommen wurden.

(b) Temperaturmessungen mittels LIDAR

Mit diesem Ziel vor Augen haben wir in meiner Arbeitsgruppe ein *Fernmeß*verfahren aufgegriffen und als bisher einzige zur operationellen Einsatzreife gebracht, das ursprünglich von Gibson et al. (1979) vorgeschlagen wurde. Es nutzt die Tatsache aus, daß sich zufolge der Verdampfung von Meteoriten zwischen 80 und 110 km Höhe ständig freie Natriumatome befinden. Diese Atome besitzen bekanntlich einen sehr starken Resonanzübergang bei 589 nm, die gelbe Natrium-Linie. Diese Linie hat auf Grund der thermischen Bewegung der Natriumatome eine bestimmte spektrale Form und Breite, durch deren Ausmessen wir die Temperatur der Natriumatome und damit auch der Luftmoleküle bestimmen können.

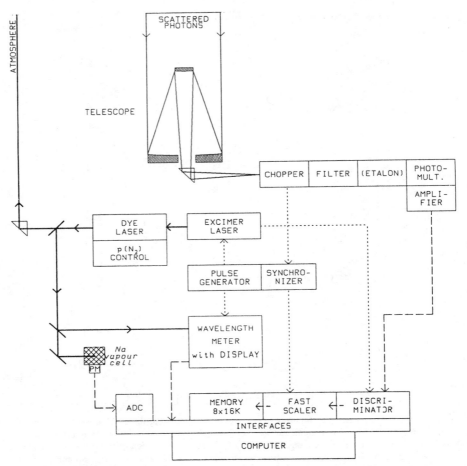

Abb. 12: Funktionsdiagramm unserer Natrium-LIDAR-Apparatur zur Messung von Temperaturprofilen von 80–110 km Höhe (aus NEUBER et al., 1988). Der (durchstimmbare) Farbstoff-
Laser arbeitet bei 589 nm und besitzt eine spektrale Breite von nur 0,12 pm bei einer Puls-
leistung von über 1 MW.

Das Ausmessen geschieht nun mit der in Abb. 12 gezeigten Apparatur: Am Erdboden befindet sich ein Laser, der einerseits eine sehr geringe spektrale Breite
aufweist, dessen Wellenlänge aber dennoch durchstimmbar ist. Mittels dieses
Lasers senden wir kurze Lichtblitze vertikal nach oben in die Atmosphäre (diese
Blitze sind, nebenbei bemerkt, nur 3 m lang). Im 90 km-Niveau angekommen, werden durch dieses Licht nur genau jene Natriumatome zum Resonanzleuchten angeregt, deren Doppler-verschobene Resonanzfrequenz exakt mit der des Laserlichts
übereinstimmt. Ein minimaler Bruchteil des von diesen angeregten Atomen aus-

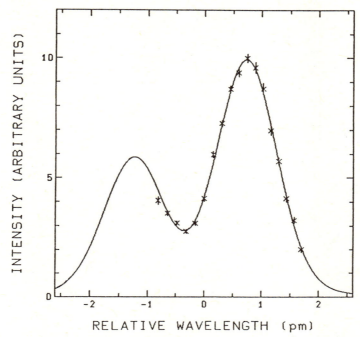

Abb. 13: Form und Breite der Hyperfeinstruktur der Na D_2-Linie von Na-Atomen, die sich in 92 ± 0,5 km Höhe in der Atmosphäre befinden und von einem bodengebundenen Laser zur Emission angeregt wurden. Die Kreuze repräsentieren die am Boden empfangene Photonenrate bei verschiedenen Wellenlängen des Lasers (aus VON ZAHN and NEUBER, 1987).

gesandten Lichts wird dann wiederum am Erdboden mit einem großen Teleskop aufgefangen und die Rate der empfangenen, gelben Lichtquanten gezählt. Nachdem diese Rate bei einer festen Wellenlänge gemessen wurde, wird der Laser leicht in seiner Wellenlänge verschoben und die Messung wiederholt. Auf diese Weise können wir die Form und Breite der Resonanzlinie innerhalb von 10 min recht genau vermessen (siehe Abb. 13) und die Temperatur in 100 km Entfernung auf ± 5 K genau bestimmen. Die Entfernung, aus der wir das Licht angeregter Atome empfangen, messen wir dabei durch Messung der Laufzeit des Lichts vom Laser zur Natriumschicht und zurück auf 200 m genau. Abb. 13 repräsentiert die Rohdaten, die zu *einem* Temperaturwert in *einer* bestimmten Höhenschicht zu *einem* Zeitpunkt gehören. Nehmen wir nun die Signale hinzu, die gleichzeitig aus den anderen Höhen registriert wurden, so erhalten wir ein ganzes Temperaturprofil, wie es in Abb. 14 gezeigt wird. Messen wir eine ganze Nacht durch, so erhalten wir zeitliche Serien von Temperaturprofilen, von denen ein Beispiel in Abb. 15 zu sehen ist. Auch hier fällt wieder die enorme Wellenaktivität auf, die sich auch

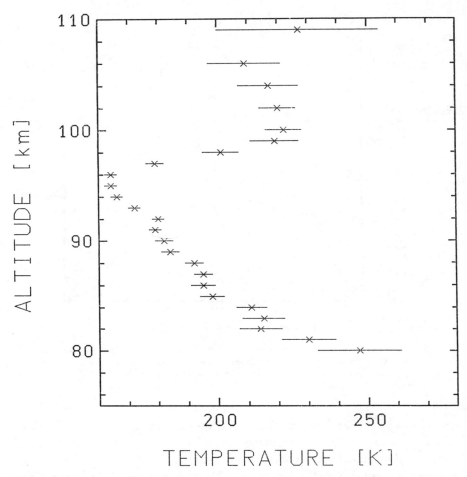

Abb. 14: Temperaturprofil, innerhalb von 5 min mittels bodengebundenem LIDAR gemessen (aus
VON ZAHN and NEUBER, 1987). Die horizontalen Balken geben die 1 σ-Unsicherheit der
Ausgleichsrechnung für den jeweiligen Meßpunkt an.

in den Temperaturprofilen zeigt. Natürlich kann man diese Datensätze auch als
zeitliche Reihe der Temperaturen in einer bestimmten Höhe darstellen. Abb. 16
zeigt als Beispiel die Lufttemperatur in 90 km Höhe während der Nacht 18. auf
19. Januar 1986. In dieser Nacht schwankte die Temperatur innerhalb einer
Stunde um bis zu 40 K.

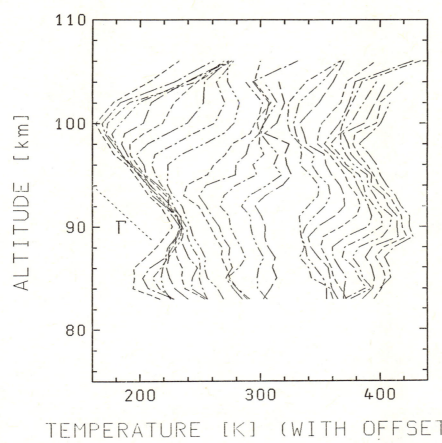

Abb. 15: Eine mit unserem LIDAR gemessene Serie von Temperaturprofilen der Nacht vom 13./14. März 1986. Die Meßkurven haben einen zeitlichen Abstand von 15 min. Die Temperaturskala gilt für die am weitesten linke Kurve; die folgenden Kurven sind jeweils um 6,25 K pro Profil nach rechts verschoben. Einige wenige Profile fehlen wegen Wolkenaufzugs. Die theoretische Gerade Γ hat einen adiabatischen Temperaturgradienten (aus VON ZAHN and NEUBER, 1987).

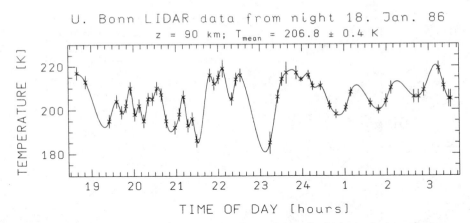

Abb. 16: Verlauf der Temperatur in 90 km Höhe über Andoya während der Nacht des 18./19. Januar
1986. Die Messung erfolgte mit bodengebundenem Na-LIDAR (aus VON ZAHN et al., 1987).

Und wie sieht nun ein zeitlich gemitteltes Temperaturprofil im Winter bei
69°N Breite aus? Wir haben bisher in zwei aufeinanderfolgenden Wintern diese
Messungen durchgeführt und dabei über 400 Temperaturprofile zu je 10 min Inte-
grationszeit gewonnen. Mitteln wir diese getrennt über die beiden verschiedenen
Winter, so erhalten wir das Ergebnis von Abb. 17. Die Ergebnisse der einzelnen
Winter sind die beiden dünnen Linien in der Mitte der Figur, das Mittel aus beiden
Wintern die dick durchgezogene Linie. Die beiden äußeren Kurven stellen die
minimalen und maximalen Temperaturwerte dar, die von uns in diesen Zeitperio-
den gefunden wurden. Im Unterschied zum Sommer finden wir im Winter die
Höhe der Mesopause bei 100 km und ihre Temperatur zu 194 K. Abb. 18 zeigt, daß
dieser Verlauf der Temperatur nicht allgemein so erwartet wurde. Hier wird
das von uns gemessene Profil (dicke Linie) verglichen mit dem, was man aus
der COSPAR International Reference Atmosphere 1972 (CIRA 1972) entnimmt
(rechte, dünne Linie). Man erkenne, daß diese Referenz-Atmosphäre den wahren
Zustand der Mesopausenregion nicht befriedigend wiedergibt. Besser ist da zwei-
fellos das Modell von GROVES (linke, dünne Linie). Allerdings, GROVES hatte bei
der Berechnung seiner Referenz-Atmosphäre bereits unsere Meßwerte vom Winter 1985/86. Er hat sich zu unserer Freude und offensichtlich erfolgreich bemüht,
diese Referenz-Atmosphäre unseren Beobachtungen anzupassen.

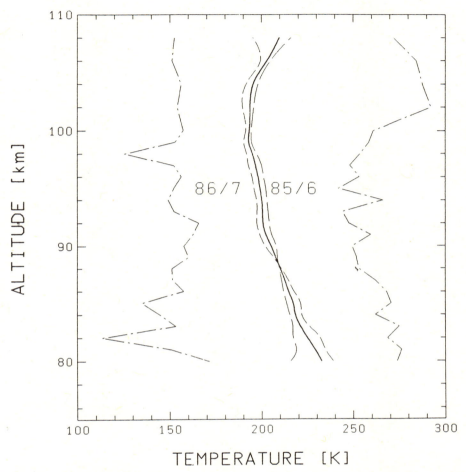

Abb. 17: Mittlere Profile der Temperatur im Winter (Dez. bis einschl. Feb.) bei 69°N. Die Ergebnisse der Winter 1985/86 und von 1986/87 sind einzeln als gestrichelte Kurven in der Nähe der Figurenmitte gezeigt. Die starke Linie repräsentiert das Mittel aus beiden Wintern und ergibt die Temperatur der Mesopause zu 193 K und ihre Höhe zu 100 km (aus NEUBER et al., 1988).

Warum können wir noch keine Sommertemperaturen zeigen, die mit dieser Methode gemessen wurden? Sehr einfach: Weil an unserem Beobachtungsort nördlich des Polarkreises im Sommer die Sonne nicht untergeht. Das Empfangsteleskop muß daher im Sommer in den hellen Himmel schauen und das Signal-zu-Untergrundverhältnis wird unbrauchbar schlecht. Natürlich arbeiten wir an der Überwindung auch dieses Problems. Als Zwischenergebnis unserer Bemühungen

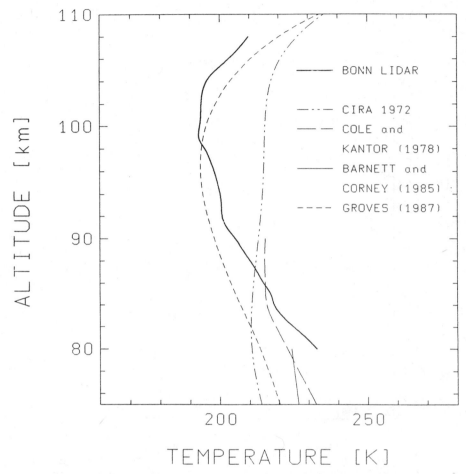

Abb. 18: Durch LIDAR gemessenes, mittleres Temperaturprofil im Winter bei 69°N (NEUBER et al., 1988) im Vergleich mit verschiedenen Referenz-Atmosphären.

zeige ich in Abb. 19 einige Temperaturpunkte, die wir im August 1988 bei einem Sonnenstand von nur 5° unter dem Horizont gemessen haben. Wegen des dann immer noch hohen Untergrundes haben wir hier die Signale für 30 min integriert. Aufregend für uns ist, daß wir bei diesen Experimenten zum ersten Male auch mit dem Laser extrem tiefe Mesopausentemperaturen finden – eine uns beruhigende Bestätigung der Messungen mit den fallenden Kugeln.

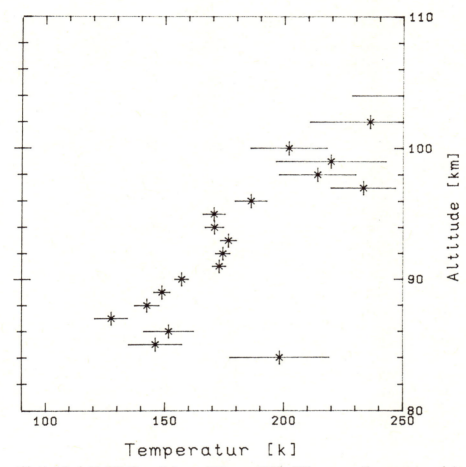

Abb. 19: Mittels Na-LIDAR am 7. August 1987 gegen 22 Uhr UT gemessene Temperaturwerte bei 69°N Breite. Die horizontalen Balken geben die 1 σ-Unsicherheit der Ausgleichsrechnung für den jeweiligen Meßpunkt an.

Zum Abschluß dieses Kapitels sollen drei Bilder diese Laser-Apparatur vorstellen: Tafel IIb zeigt das Observatoriums-Gebäude auf der Insel Andoya, Tafel III den benutzten Farbstoff-Laser und das Empfangsteleskop. Hier schauen wir vom Dach des Gebäudes senkrecht nach unten in den 7 m tieferliegenden Hauptspiegel, der 1 m Durchmesser hat. Wir meinen sagen zu können, daß dies das größte Teleskop der Welt nördlich des Polarkreises ist!

5.2 Untersuchungen dynamischer Prozesse

Die geophysikalische Aufgabe, die *Dynamik* der oberen Atmosphäre zu erforschen, hat natürlich viele Aspekte. Wir beschäftigen uns dabei mit folgenden Teilproblemen:

(a) Das Spektrum der Schwerewellen

Schwerewellen sind im Höhenbereich 50 bis 120 km praktisch allgegenwärtig. Um den Einfluß dieser Wellen auf die Dynamik und thermische Struktur der oberen Atmosphäre in physikalischen Atmosphären-Modellen geeignet parametrisieren zu können, muß man zunächst einmal die Intensität und das Spektrum dieser Wellen in Abhängigkeit von der Höhe, der geographischen Breite und Jahreszeit vermessen. Wir leisten zu dieser Aufgabe unsere Beiträge, indem wir die mit fallenden Kugeln, Folienwolken, Laser und Massenspektrometern gemessenen lokalen Variationen der Dichte-, Wind- und Temperaturprofile einer entsprechenden Spektralanalyse unterwerfen. Hierzu muß von den gemessenen Profilen zunächst der generelle Höhentrend entfernt werden. Abb. 20 zeigt Beispiele einer Serie von Messungen der meridionalen Windkomponente in Höhen von 30 bis 90 km, von denen der großskalige Trend schon abgezogen ist. Unterwirft man diese Profile einer Spektralanalyse und mittelt die berechnete spektrale Leistungsdichte über 27 Experimente, so erhält man Abb. 21. Hier sehen wir die über den Höhenbereich 30 bis 64 km gemittelte spektrale Leistungsdichte als Ordinate gegenüber der vertikalen Wellenzahl als Abszisse aufgetragen. Diese Leistungsdichte ist ein quantitatives Maß für die Stärke der Wellenaktivität im untersuchten Höhenbereich, eine Information, die für die Konstrukteure von physikalischen Atmosphären-Modellen von Bedeutung ist. Darüberhinaus gibt die Neigung dieser Kurve Auskünfte über die Dissipations-Prozesse für Schwerewellen. Weiterhin kann man den Polarisationsgrad und manchmal auch die Ausbreitungsrichtung der Wellen bestimmen, worauf ich hier aber nicht im Detail eingehen möchte.

Zwei weitere Eigenschaften der Schwerewellen sind für uns von speziellem Interesse: (b) Die Eigenschaft, Impuls auf das zunächst als ungestört betrachtete, d.h. geostrophische Windfeld übertragen zu können, und (c) die Eigenschaft, Instabilitäten in der Atmosphäre erzeugen zu können, die zu einer Umwandlung der Wellenenergie in ungeordnete, turbulente Energie führt.

(b) Impulsdeposition durch Schwerewellen

Der vertikale Fluß des horizontalen Impulses pro Einheitsfläche ist p.d. $\varrho \, \overline{u'w'}$, worin u' und w' die Störungen der horizontalen und vertikalen Windkomponen-

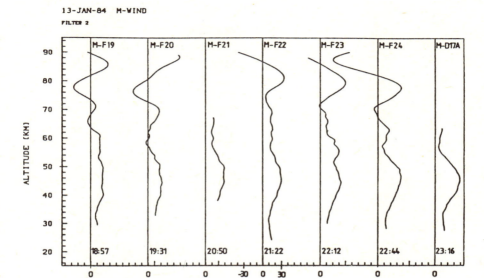

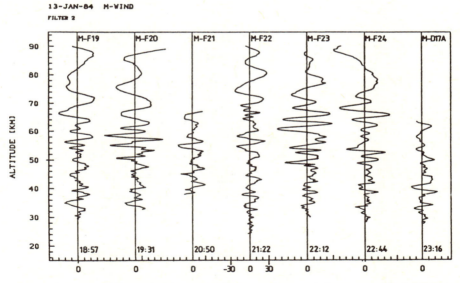

Abb. 20: Die meridionalen Windkomponenten für eine Serie von Windmessungen mittels fallender Kugeln, durchgeführt am 13. Januar 1984 über Andoya (69°N). Von allen Profilen ist der großskalige Trend schon abgezogen; durch geeignete Filter sind in der oberen Bildserie die längerwelligen Schwerewellen hervorgehoben, in der unteren Bildserie die kürzerwelligen (aus HASS and MEYER, 1987).

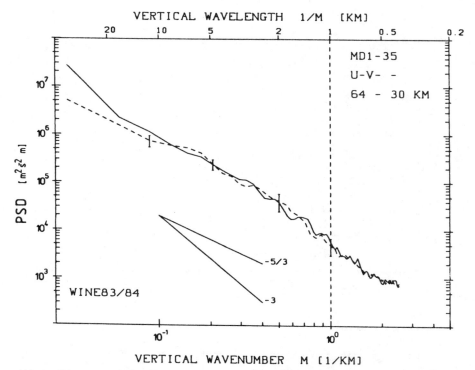

Abb. 21: Die aus 27 Windprofilen berechnete, mittlere spektrale Leistungsdichte von Windfluktua-
tionen im Höhenbereich 30 bis 64 km in Abhängigkeit von der vertikalen Wellenzahl
(untere Abszisse) und vertikalen Wellenlänge (obere Abszisse) (aus HASS and MEYER, 1987).

ten sind ($u' = u - \overline{u}$; $w' = w - \overline{w}$). Die Konvergenz des vertikalen Impulsflusses ist
$\partial (\varrho \, \overline{u'w'})/\partial z$. Eine Impulsdeposition findet dort statt, wo Wellenenergie durch
dissipative Prozesse aufgezehrt wird. Unter Gleichgewichtsbedingungen treibt
diese Impulsdeposition eine meridionale Zirkulation an, deren Geschwindigkeit v_o theoretisch

$$v_o \;=\; \frac{1}{f \, \varrho} \; \frac{\partial}{\partial z} \; (\varrho \, \overline{u'w'}) \tag{6}$$

ist. Um Ursache (die Impulsdeposition) und Wirkung (die ageostrophische Meri-
dionalkomponente v_o) quantitativ vergleichen zu können, müssen wir also u. a.
das zeitliche Mittel des Produktes von horizontaler und vertikaler Windstörung
messen können. Hierbei ist die Messung der vertikalen Windgeschwindigkeit
sicher der schwierigste Teil. Wie WIDDEL (1987) gezeigt hat, sind solche Messungen

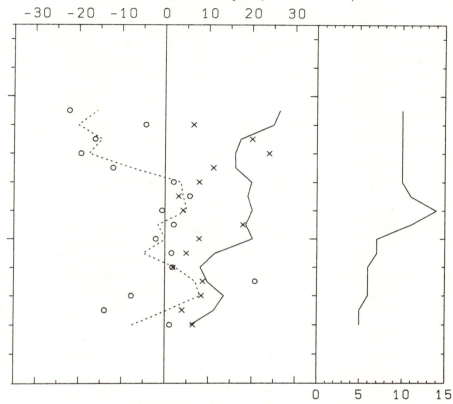

Abb. 22: Die aus 15 Windprofilen (einschließlich der Vertikalkomponente) berechneten, mittleren vertikalen Impulsflüsse $\langle u'w' \rangle$ (durchgezogene Kurve) und $\langle v'w' \rangle$ (gestrichelte Kurve). Die rechte Kurve gibt die in jeder Höhe gemittelte Zahl von Windprofilen wieder (aus MEYER et al., 1989). Die Windmessungen erfolgten im Sommer 1987 über Andoya (69°N).

z. B. mit den eingangs erwähnten Folienwolken möglich, die, von Raketen ausgestoßen, z. B. in 75 km Höhe nur eine stetige Fallgeschwindigkeit von etwa 6 m/s haben (siehe Abb. 7; rechts). Abweichungen von der gleichmäßigen Fallgeschwindigkeit um mehr als 1 m/s lassen sich durchaus als vertikale Winde interpretieren. Abb. 22 zeigt so bestimmte Impulsflüsse, gemittelt über 15 verschiedene Experimente, die wir im Sommer 1987 über Andoya durchgeführt haben: Die durchgezogene Linie sind die mittleren Kovarianzen $\langle u'w' \rangle$, die gestrichelte Linie die von $\langle v'w' \rangle$. Hier sind die kleinskaligen Variationen mit der Höhe sicher noch nicht statistisch signifikant gemessen. Jedoch scheint der deutliche Trend der Kurven mit der Höhe signifikant zu sein. Bestimmen wir aus ihm die gesuchte Divergenz des Impulsflusses und machen (unkritische) Annahmen über die Skalenhöhe der Dichte, so können wir die hieraus folgende Stärke der meridionalen Zirkulation zu – 17 m/s vorhersagen. Dieser Wert liegt etwas höher, aber dennoch befriedigend nahe an Werten für mittlere meridionale Winde, die in den Jahren 1979 bis 1981 von NASTROM et al. (1982) mittels eines Mesosphären-Radars über Alaska gemessen wurden. Ich möchte die Übereinstimmung zwischen den beiden Werten, nämlich dem aus gemessenen Impulsflüssen berechneten und dem direkt mit Radargeräten gemessenen Wert, hier sicher nicht überbewerten. Ich sehe diese Untersuchung vielmehr als ein weiteres der vielen Mosaiksteinchen an, die wir benötigen, um ein wirklich schlüssiges Bild der Impuls- und Energiebilanz der Mesosphäre aufzubauen.

(c) Turbulenzmessungen

Es wurde bereits durch verschiedenste Messungen bestätigt, daß der Höhenbereich 50 bis 110 km vielfach von Turbulenz erfüllt ist. Als Quelle dieser Turbulenzen kommen entweder starke Windscherungen oder lokal instabile Schichtung der Atmosphäre in Frage (im ersten Fall sprechen wir von Kelvin-Helmholtz-Instabilitäten, im zweiten von Rayleigh-Taylor-Instabilitäten). Beide Arten von Instabilitäten können durch Schwerewellen angeregt werden, aber sicher nicht ausschließlich durch diese. Turbulenz bewirkt sehr effektive vertikale Transporte, z. B. von Wärme und von Spurenbestandteilen der Atmosphäre. Es harren jedoch noch viele Fragen nach den Quellen, der zeitlichen und räumlichen Verteilung und der Intensität turbulenter Ereignisse in der oberen Atmosphäre einer Antwort.

Wir beschäftigen uns speziell mit Turbulenz-Phänomenen oberhalb 90 km. Die Skalen homogener, isotroper Turbulenz liegen hier zwischen etwa 1 m bis 1 km. Die Annahme, daß die vertikalen turbulenten Luftbewegungen adiabatisch erfolgen – und zwar in einer subadiabatisch geschichteten Atmosphäre –, hat die Konsequenz, daß diese vertikalen Luftbewegungen zu kleinen, transienten Dichteschwankungen in der Atmosphäre führen sollten. Diese Schwankungen liegen typischerweise im Promille-Bereich der ungestörten Dichte. Wir messen diese Dichteschwankungen mit speziellen Massenspektrometern, die mit Raketen auf ca. 120 km Höhe getragen werden und bei ihrem Wieder-Herunterfallen diese Messungen durchführen (VON ZAHN et al., 1989). Speziell an diesen Instrumenten ist, daß sie (1.) die bei den Raketenstarts auftretenden Vibrationen und Beschleunigungen unbeschadet überstehen müssen, daß sie (2.) mehrere 100 Datensätze pro Sekunde aufnehmen sollen und (3.) dabei Dichteschwankungen im Promille-Bereich noch genau messen sollen. Abb. 23 zeigt als Beispiel das Ergebnis der Spektralanalyse von Dichtefluktuationen, die bei einem solchen Experiment in einer 1 km hohen Schicht um 91 km Höhe gemessen wurden. Als Ordinate ist wieder die spektrale Leistungsdichte, als Abszisse sind unten die effektiv gemes-

a) Nachtleuchtende Wolken (Höhe ca. 83 km), aufgenommen am 31. Juli 1988 morgens gegen 3 Uhr am nördlichen Horizont von Tallinn, Estnische S.S.R. (Aufnahme des Verf.).

b) Raketen-Startplatz auf der Insel Andoya (69° N, 16° O) mit dem norwegischen Festland im Hintergrund.

Tafel I

a) Eine Reihe meteorologischer Raketen vom Typ Viper 3 A. In der langen Spitze befindet sich ein
   zusammengefalteter Ballon, der in 110 km Höhe aus der Spitze ausgestoßen und zu einer ‚fallenden
   Kugel' von 1 m Durchmesser aufgeblasen wird.

b) Lidar-Observatorium (im Vordergrund) auf der Insel Andoya, von dem aus unsere Arbeitsgruppe
   ihre Laser-Sondierungen der oberen Atmosphäre durchführt.

Tafel II

a) Gepulster, durchstimmbarer und schmalbandiger Farbstofflaser im Lidar-Observatorium auf Andoya, der für die Messung von Temperaturprofilen des Höhenbereichs 80 bis 110 km eingesetzt wird.

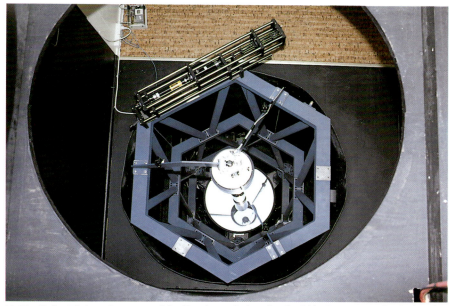

b) Vertikaler Blick nach unten auf das Empfangsteleskop für das Lidar-Instrument der Universität
Bonn auf der Insel Andoya. Es handelt sich um ein Cassegrain-System mit einem Primärspiegel von
1,0 m Durchmesser und einer Gesamtbrennweite von 21 m.

Tafel III

Tafel IV: Massenspektrometer vom Typ BUGATTI (in Bildmitte), montiert auf einer zylindrischen Sektion der Nutzlast einer Höhenforschungsrakete. Links neben dem Spektrometer steht ein Ionisationsmanometer zum Messen der Luftdichte.

Tafel V: Blick auf den Gaseinlaß des BUGATTI-Spektrometers (Spitze des stumpfen Kegels) nach Einbau des Spektrometers in die Raketen-Nutzlast.

Tafel VI: Fertig montierte Nutzlast (zylindrischer Teil) und abwertbare Raketenspitze für Höhenforschungsrakete E-T 2 des sog. EPSILON-Forschungsprojekts (innerhalb der Nutzlast zeigt
der Gaseinlaß des Spektrometers nach unten).

a) Die in Tafel VI gezeigte Nutzlast auf dem Weg zum Raketenmotor auf dem Andoya-Startgelände.

b) 2-stufige Höhenforschungsrakete vom Typ Nike/Orion mit Starter in horizontaler Position für Montagearbeiten auf dem Startgelände Andoya.

Tafel VII

Tafel VIII: Vier Höhenforschungsraketen und eine meteorologische Rakete (am linken Bildrand) auf
            dem Andoya-Startgelände vor ihrem nahezu gleichzeitigen Start am 21. Oktober 1987 im
            Rahmen des EPSILON-Forschungsprojekts.

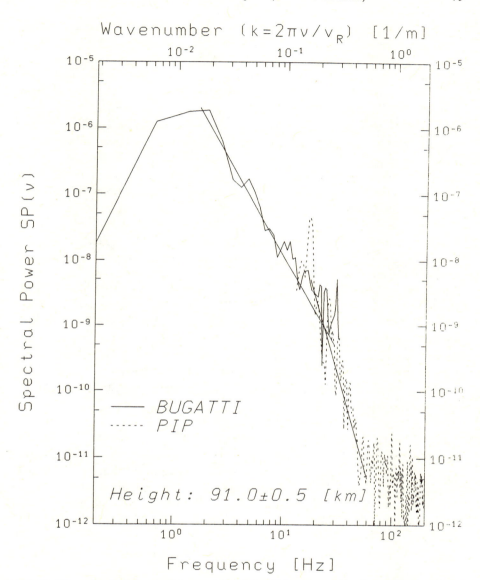

Abb. 23: Die spektrale Leistungsdichte von Luftdichte-Fluktuationen (durchgezogene, unruhige Kurve) im Höhenbereich 91 ± 0,5 km in Abhängigkeit von der vertikalen Wellenzahl (obere Abszisse) (aus LÜBKEN et al., 1987). Die Luftdichte-Fluktuationen wurden mit einem Raketen getragenen Massenspektrometer gemessen. Die gestrichelte Kurve ⟨'PIP'⟩ zeigt die spektrale Leistungsdichte der beim gleichen Raketenflug gemessenen Ionendichte-Variationen.

sene Frequenz, oben die dazu äquivalenten räumlichen Skalen angegeben. Die durchgezogene Linie zeigt das Ergebnis der Luftdichtemessungen unseres Massenspektrometers, die gestrichelte Linie die Ergebnisse der Messung von Ionendichten durch ein Instrument unserer norwegischen Kollegen in der gleichen Raketen-Nutzlast. Ich habe dieses Beispiel ausgesucht, weil es einen deutlichen Knick in der Neigung der Kurve der Leistungsdichte zeigt. Dieser Knick deutet vermutlich den Übergang aus dem sog. inertialen Unterbereich der Turbulenz (links) in den viskosen Unterbereich (rechts) an. Ich möchte aber betonen, daß wir diesen Knick nur gelegentlich so deutlich sehen wie in diesem Beispiel. Wir führen diese Analyse unter zusätzlichen Annahmen auch weiter bis zu einer quantitativen Bestimmung von Turbulenzkoeffizienten, möchte aber auf weitere Details hier nicht mehr eingehen.

Die letzten Bilder zeigen die für diese Untersuchungen benötigten Instrumente und Hilfsmittel: Tafel IV ein Massenspektrometer unmittelbar vor seinem Einbau in eine Raketen-Nutzlast, Tafel V die Frontansicht des Instrumentes nach erfolgtem Einbau, Tafel VI die fertig montierte Nutzlast, Tafel VIIa die Nutzlast auf dem Weg zu ihrem Raketenmotor, Tafel VIIb die fertig montierte Nike-Orion-Rakete in horizontaler Position, und Tafel VIII vier verschiedene Höhenforschungsraketen auf dem Startgelände von Andoya, die wenige Stunden nach dieser Aufnahme alle innerhalb von 2 min gestartet wurden. Diese kurze Startfolge wählt man, um z. B. die Wirkungen turbulenter Ereignisse in der Mesosphäre gleichzeitig mit möglichst vielen verschiedenen Meßinstrumenten untersuchen zu können.

Ich möchte meine Ausführungen wie folgt kurz zusammenfassen: Die Atmosphäre weist oberhalb 50 km zeitlich stark variable Temperaturen, Winde und auch gelegentlich Wolken auf. Viele dieser Wettererscheinungen haben ihre Ursache in Wechselwirkungen der oberen Atmosphäre mit Schwerewellen. Von Letzteren nehmen wir an, daß sie selbst in der Wetterzone der Troposphäre erzeugt werden. Dies würde bedeuten, daß das hochvariable Wetter in der Mesosphäre und unteren Thermosphäre nur eine Folge, oder sollte man besser sagen, ein komplexes Spiegelbild des Wetters hier in Bodennähe ist.

Literatur

APRUZESE, J. P., M. R. SCHOEBERL, and D. F. STROBEL, Parameterization of IR cooling in a middle atmosphere dynamics model, 1. Effects on the zonally averaged circulation, J. Geophys. Res. 87, 8951, 1982.

BARNETT, J. J., and M. CORNEY, Middle atmosphere reference model derived from satellite data, in ‚Handbook for MAP‘, Vol. 16, 47, 1985.

BARTMAN, F. L., L. W. CHANEY, L. M. JONES, and V. C. LIU, Upper air density and temperature by the falling sphere method, J. Appl. Phys. 27, 706, 1956.

CIRA 1972, COSPAR International Reference Atmosphere 1972, Akademie-Verlag, Berlin, 1972.

COLE, A. E., and A. J. KANTOR, Air Force reference atmospheres, Air Force Surveys in Geophysics, No. 382, Rep. AFGL-TR-78-0051, Air Force Geophys. Lab., Bedford, Mass., 1978.

GADSDEN, M., Noctilucent clouds, Space Sci. Rev. 33, 279, 1982.

GARCIA, R. R., and S. SOLOMON, A numerical model of the zonally averaged dynamical and chemical structure of the middle atmosphere, J. Geophys. Res. 88, 1379, 1983.

GARCIA, R. R., and S. SOLOMON, The effect of breaking gravity waves and the dynamics and chemical composition of the mesosphere and lower thermosphere, J. Geophys. Res. 90, 3850, 1985.

GIBSON, A. J., L. THOMAS, and S. K. BHATTACHARYYA, Laser observations of the ground-state hyperfine structure of sodium and of temperatures in the upper atmosphere, Nature 281, 131, 1979.

GROVES, G. V., Atmospheric structure variations; Modelling of atmospheric structure, 70–130 km, Air Force Office of Scientific Research, AFOSR-84-0045, 1987.

HASS, H., and W. MEYER, Gravity wave fields above Andoya, J. Atmos. Terr. Phys. 49, 705, 1987.

HINES, C. O., Internal atmospheric gravity waves at ionospheric heights, Can. J. Phys. 38, 1441, 1960.

HOLTON, J. R., The influence of gravity wave breaking on the general circulation of the middle atmosphere, J. Atmos. Sci. 40, 2497, 1983.

HOUGHTON, J. T., The stratosphere and mesosphere, Quart. J. Roy. Met. Soc. 104, 1, 1978.

JESSE, O., Untersuchungen über die sogenannten leuchtenden Wolken, Sitzungsberichte der Königl. Akad. d. Wiss. zu Berlin 1890/II, 1031, 1890.

LEOVY, C. B., Simple models of thermally driven mesospheric circulation, J. Atmos. Sci. 21, 327, 1964.

LILLEQUIST, G. H., Allgemeine Meteorologie, Vieweg & Sohn, Braunschweig, 1974.

LINDZEN, R. S., Turbulence and stress owing to gravity wave and tidal breakdown, J. Geophys. Res. 86, 9707, 1981.

LÜBKEN, F.-J., U. VON ZAHN, E. V. THRANE, T. BLIX, G. A. KOKIN, and S. V. PACHOMOV, In situ measurements of turbulent energy dissipation rates and eddy diffusion coefficients during MAP/WINE, J. Atmos. Terr. Phys. 49, 763, 1987.

MEMMESHEIMER, M., Untersuchungen zur Sensitivität der Zirkulation der mittleren Atmosphäre mit einem zonal-gemittelten Modell, Dissertation, Universität Bonn, 1985.

MEYER, W., Untersuchungen groß- und kleinskaliger dynamischer Prozesse in der Mesosphäre und oberen Stratosphäre anhand von Wind- und Dichtemessungen über Nordskandinavien im Rahmen des MAP/WINE Projekts, Dissertation, Universität Bonn, 1988.

MEYER, W., R. SIEBENMORGEN, and H.-U. WIDDEL, Estimates of gravity wave momentum fluxes in the winter and summer high mesosphere over Northern Scandinavia, J. Atmos. Terr. Phys. 51, im Druck, 1989.

MURGATROYD, R. J., and I. SINGLETON, Possible meridional circulations in the stratosphere and mesosphere, Quart. J. Roy. Met. Soc. 87, 125, 1961.

NASTROM, G.D., B.B. BALSLEY and D.A. CARTER, Mean meridional winds in the mid- und high-latitude summer mesosphere, Geophys. Res. Lett. 9, 139, 1982.

NEUBER, R., P. VON DER GATHEN, and U. VON ZAHN, Altitude and temperature of the mesopause at 69°N latitude in winter, J. Geophys. Res. 93, 11093, 1988.

RÜSTER, R., J. KLOSTERMEYER, and J. RÖTTGER, SOUSY VHF radar measurements in the lower and middle atmosphere, IEEE Trans. Geosci. Remote Sens. GE-24, 966, 1986.

SCHOEBERL, M. R., and D. F. STROBEL, The zonally averaged circulation of the middle atmosphere, J. Atmos. Sci. 35, 577, 1978.

STROUD, W. G., W. NORDBERG, and J. R. WALSH, Atmospheric temperatures and winds between 30 and 80 km, J. Geophys. Res. 61, 45, 1956.

STROUD, W.G., W. NORDBERG, W.R. BANDEEN, F.L. BARTMAN, and P. TITUS, Rocket-grenade observation of atmospheric heating in the arctic, J. Geophys. Res. 64, 1342, 1959.

USSA 1976, U.S. Standard Atmosphere, 1976, NOAA-S/T 76-1562, U.S. Government Printing Office, Washington, D.C., 1976.

WIDDEL, H.-U., Vertical movements in the middle atmosphere derived from foil cloud experiments, J. Atmos. Terr. Phys. 49, 723, 1987.

VON ZAHN, U., and W. MEYER, Mesopause temperatures in polar summer, J. Geophys. Res. 94, im Druck, 1989.

VON ZAHN, U., and R. NEUBER, Thermal structure of the high latitude mesopause region in winter, Beitr. Phys. Atmosph. 60, 294, 1987.

VON ZAHN, U., and H.-U. WIDDEL, Wind corners in the winter mesosphere, Geophys. Res. Lett. 12, 673, 1985.

VON ZAHN, U., F.-J. LÜBKEN, and C. PÜTZ, BUGATTI experiments: Mass spectrometric studies of lower thermosphere eddy mixing and turbulence, eingereicht an J. Geophys. Res., 1989.

VON ZAHN, U., K. H. FRICKE, R. GERNDT, and T. BLIX, Mesospheric temperatures and the OH layer height as derived from ground-based lidar and OH* spectrometry, J. Atmos. Terr. Phys. 49, 863, 1987.

Diskussion

Herr Priester: Stören sich die Raketen nicht gegenseitig, wenn gleichzeitig oder innerhalb kurzer Zeit fünf Raketen gestartet werden?

Herr von Zahn: Sorgen in dieser Richtung hatten wir auch, speziell wegen der von den größeren Raketen ausgehenden Schockfronten. Letztere verlieren sich aber, wegen der abnehmenden Geschwindigkeit und Luftdichte, bei etwa 95 km Höhe. Weiterhin bleibt festzuhalten, daß die Raketen keine aktive Steuerung besitzen und daher im 90 km-Niveau um mehrere Kilometer horizontal versetzt fliegen. Wir haben unsere Daten auf entsprechende Effekte hin geprüft und (bis heute) keine negativen Auswirkungen gefunden.

Herr Wicke: Sind Sie bei Ihren Experimenten der Entstehung und der Natur des Nordlichts etwas näher auf die Spur gekommen?

Herr von Zahn: Grundsätzlich weiß man, wie Nordlicht entsteht. Es handelt sich überwiegend um energetische Elektronen, die – aus der äußeren Magnetosphäre kommend – in Höhen um 100 km durch Stöße mit Luftmolekülen und -atomen gestoppt werden. Letztere werden bei diesen Stößen angeregt und erzeugen daraufhin die Leuchterscheinungen, die wir als Nordlicht bezeichnen. Wir in unserer Arbeitsgruppe untersuchen weder die primär einfallenden Teilchen noch die Leuchterscheinungen, jedoch gelegentlich die durch den Einfall der Elektronen in der Atmosphäre bewirkten Erwärmungen und Winde.

Herr Flohn: Ich habe zwei primitive Fragen, die sich auf ältere Beobachtungen beziehen.

Erstens: Sie gingen von den leuchtenden Nachtwolken aus, von denen wir schon lange wußten, daß sie in 80 km Höhe und im wesentlichen nur im Sommer auftreten. Nun sind diese Wolken auf der Nordhemisphäre nur in Schottland und in Norwegen beobachtet worden. Ich kenne kaum andere Beobachtungen. Ich weiß von einer Beobachtung aus der Südhemisphäre auch aus hohen Breiten, wo man orographische Störungen verantwortlich gemacht hat. Besteht die Möglichkeit, daß sich orographische Störungen noch bis in diesen Höhen bemerkbar machen?

Herr von Zahn: Zunächst zur Beobachtungsstatistik. Wegen der notwendigen Beleuchtungsbedingungen für die Wolken sind die besten Beobachtungsbedingungen bei etwa 60° Breite. Daher die vielen Beobachtungen von Schottland und Mittel-Skandinavien, aber auch von Estland und Sibirien aus! Andererseits ist Nordamerika bei 60°N fast unbesiedelt. Daher wundere ich mich nicht über die stark von europäischen Beobachtungen geprägte Statistik.

Können sich orographische Störungen noch bis in diese Höhen bemerkbar machen? Prinzipiell halte ich dies schon für möglich, kann Ihnen aber gleichzeitig keine Fallstudie nennen, in der dieser Effekt eindeutig isoliert worden wäre. Als Quelle einer solchen Störung käme z. B. die Ostküste Grönlands in Frage. Das ca. 3 km hoch liegende Grönland-Plateau wird durch die allgemeine troposphärische Westwindströmung überströmt, deren jäher ‚Absturz‘ um 3000 Meter an der Ostküste Grönlands zu Störungen in der Luftströmung und dem Auslösen von Schwerewellen führen sollte. Diese dort ausgelösten Schwerewellen würde man dann eventuell in der Mesosphäre über Skandinavien beobachten.

Herr Flohn: Sie sprachen zweitens davon, daß die Schwerewellen möglicherweise in der unteren Atmosphäre entstehen und nach oben quasi durchgepaust werden. Das liegt nahe, da auch troposphärische Prozesse sich in die Stratosphäre hinein fortpflanzen. Ich denke hier an ein Beispiel von vor etwa dreißig Jahren, an eine sehr regelmäßige, etwa sechsstündige horizontale Welle in etwa 20 oder 22 km Höhe, die im Mittelmeergebiet mit driftenden Ballonen vermessen worden ist. Könnte das eine solche Schwerewelle sein? Sie sprachen von dem Bereich zwischen Minuten und einigen Stunden.

Herr von Zahn: Ohne weitere Einzelheiten Ihrer Beobachtung zu kennen, kann ich eigentlich nur von der Periode her argumentieren: Mir scheint es durchaus möglich, daß Sie eine Schwerewelle vermessen konnten. Eine grundsätzliche Frage dabei ist: Wie kommt es bei der Fülle der prinzipiell möglichen Wellenperioden und -typen gelegentlich zum Auftreten starker, monochromatischer Wellenzüge? Wurden ursprünglich nur diese Wellen angeregt oder wurden sie nach der Anregung eines breiten Wellenspektrums besonders herausgefiltert (und verstärkt)? Das wissen wir nicht. Aber ich kann bestätigen, daß auch wir immer mal wieder solche monochromatischen Wellenzüge sowohl in der Stratosphäre als auch der Mesosphäre beobachten können.

Herr Priester: Sieht man in der unteren Thermosphäre, wo die Temperatur sehr stark ansteigt, das Abklingen der Turbulenz oberhalb der Turbopause?

Herr von Zahn: Einerseits sehen wir in unseren eigenen massenspektrometrischen Turbulenzmessungen eigentlich keine schnelle Abnahme der absoluten Turbulenzstärken oberhalb 100 km. Andererseits besteht aber kein Zweifel daran, daß nach oben hin wegen der abnehmenden Luftdichte der molekulare Diffusionskoeffizient und die kinematische Zähigkeit rapide zunehmen. Es bleibt daher dabei, daß oberhalb der Turbopause, die bei 105 km liegt, die Bedeutung von Turbulenz für die makroskopischen Transportphänomene schnell abnimmt.

Herr Krelle: Gibt es in dieser Höhe auch Partikel, die zum Beispiel durch Vulkanausbrüche, durch Atombombenexplosionen oder dergleichen von der Erde kommen? Beeinflußt das auch die Vorgänge in dieser Höhe?

Herr von Zahn: Unter ‚Partikeln' werden i. a. Aerosol-, Wolken- und Staubteilchen verstanden, eventuell aber auch schlicht Luftmoleküle. In der Mesosphäre könnte das Größenspektrum daher von einigen Zehntel Nanometern bis zu einigen Mikrometern reichen. Eine Injektion solcher Partikel direkt in die Mesosphäre während troposphärischer Ereignisse wie Vulkanausbrüchen erfordert soviel Energie, daß sie mir sehr unwahrscheinlich vorkommt. Auf der anderen Seite muß natürlich festgehalten werden, daß auch die Luftmoleküle der obersten Atmosphärenschichten in einem langfristigen, vertikalen Austausch mit denen der unteren Atmosphäre stehen. So hat das Wasser, dessen Kondensation in 85 km Höhe zu den vorher diskutierten ‚nachtleuchtenden' Wolken führt, seine Quelle letztendlich in troposphärischem Wasserdampf und Methan. In der Größenklasse der Luftmoleküle gibt es also in der Mesosphäre sicher Teilchen, die aus den unteren Atmosphärenschichten stammen. Gelegentliche experimentelle Hinweise auf die Anwesenheit größerer Partikel in der Mesosphäre gestatten aber keine gesicherte Auskunft darüber, ob diese Teilchen eventuell auch aus der Troposphäre stammen.

Herr Fettweis: Herr von Zahn, Sie haben gesagt, daß Ihnen gar nichts anderes übrigbleibt, als zu messen, zu messen und nochmals zu messen, weil das Rechnen so teuer ist. Nun ist klar, daß man in Physik und Technik unbedingt messen muß. Aber trotzdem die Frage: Ist es nicht wichtig, wenn man sieht, wie extrem teuer das Messen auch in Ihrem Fall ist, zu sagen, daß das Ziel doch eigentlich zunächst einmal sein muß zu rechnen, zu rechnen und nochmals zu rechnen? Man sollte vielleicht versuchen, andere Algorithmen zu finden, um die partiellen Differentialgleichungen zu lösen, und neuartige Computerstrukturen zu benutzen, die effizientere Möglichkeiten eröffnen könnten.

Wir sind selber an diesen Fragen interessiert, worauf wir per Zufall auf anderem Wege gestoßen sind, und haben das vor kurzem an bestimmten Differentialgleichungen ausprobiert. Ich habe nur einen kurzen Blick auf die Gleichungen werfen können, die Sie hier projiziert hatten, aber wenn ich es richtig gesehen habe, sind diese durchaus von einer Art, die für solche Verfahren sehr günstig sein könnten.

Die Frage ist also tatsächlich, ob man nicht auch aus dieser Sicht an diese Aufgaben herangehen sollte, die ja weder analytisch noch anscheinend mit konventionellen Integrationsverfahren zu lösen sind.

Herr von Zahn: Lieber Herr Fettweis, meine Begründung für ,Messen und nochmals Messen' lag nicht in zu hohen Kosten für das ,Rechnen', sondern in der Unmöglichkeit, ein komplexes und sich in vielen Teilaspekten statistisch verhaltendes System wie das der oberen Atmosphäre wirklich in allen Details berechnen zu können. Dennoch, für ein tieferes Verständnis der ablaufenden physikalischen und chemischen Prozesse ist das ,Rechnen' und der Vergleich zwischen Rechenergebnis und Beobachtung absolut notwendig. Ich stimme Ihnen daher gerne zu, wenn Sie die Notwendigkeit der Entwicklung auch komplexer Atmosphären-Modelle betonen. Die Ergebnisse, die ich Ihnen in meinem Vortrag von Garcia and Solomon gezeigt habe, sind ja mit Modell-Rechnungen gewonnen. Aber – das in diesem Modell verwendete Feld von Schwerewellen ist eben auch nur in parametrisierter Form eingebaut und die geeignete Parametrisierung ist nur durch experimentelle Beobachtung der Amplituden und Periodenverteilung von Schwerewellen (und diese in Abhängigkeit von der Höhe) gefunden worden. Dabei bleibt die Frage völlig offen, woher die Schwerewellen eigentlich kommen und warum sie eigentlich existieren. Die obere Atmosphäre ist kein abgeschlossenes System, sondern offen. Alle von außen kommenden Einflüsse, wie z.B. Strahlung oder Schwerewellen, können nicht vom Modell selbst berechnet werden, sondern werden als beobachtete Randbedingungen in das Modell eingeführt. Auch aus diesem Grund werden sich für eine Verbesserung unseres Verständnisses der oberen Atmosphäre ,Messen' und ,Rechnen' noch für lange Zeit gegenseitig benötigen und befruchten.

Herr Wicke: Ich habe mich darüber gewundert, daß im Bereich um 90 km ein Temperaturminimum auftritt. Oberhalb nimmt die Temperatur dann wieder zu. Sie muß also in größeren Höhen durch ein Maximum gehen; denn weiter außerhalb zum interstellaren Raum hin nimmt sie ja wieder stark ab. Hat man eine Vorstellung davon, wie hoch dieses Temperaturmaximum ist und wie es zustande kommt?

Herr von Zahn: Die Wärmequelle, die oberhalb 90 km auftritt, ist die Absorption des extrem-ultravioletten Lichts der Sonne (also das mit Wellenlängen

$\lambda < 100$ nm). Sie führt zu einem Temperatur-Plateau von ungefähr 1000 K oberhalb 300 km Höhe (mit horizontalen und zeitlichen Variationen um etwa einen Faktor 2). Diese Gastemperatur ändert sich dann theoretisch kaum noch bis zum Übergang in den interplanetaren Raum, wo wir von einer neutralen Atmosphäre nicht mehr sprechen können.

Herr Batzel: Der Einfluß des Wetters in der unteren Atmosphäre auf die Erdoberfläche ist ja – vom Wachstum bis zur Psyche sensibler Menschen – sehr groß. Gibt es Beobachtungen oder Vermutungen über die Auswirkungen des Wetters in der oberen Atmosphäre auf die Erdoberfläche?

Herr von Zahn: Es gibt keine Beobachtungen dieser Art. Wenn man unbedingt spekulieren will, könnte man eventuell an folgende Kette von Ursachen und Wirkungen denken: Unter dem Einfluß solarer EUV-Strahlung und energetischer Elektronen werden in Höhen oberhalb 90 km größere Mengen von Stickoxid NO gebildet. Dieses NO wird u. a. langfristig auch nach unten bis in die Stratosphäre gemischt und dieser Transport ist abhängig vom ‚Wetter‘ in der oberen Atmosphäre. Wird nun auf diese Weise z. B. bei extrem hoher Sonnenaktivität auch besonders viel NO gebildet, so könnte es durch zusätzliches NO in der oberen Stratosphäre zu einer lokal und zeitlich begrenzten Reduktion von Ozon kommen. Im Prinzip müßte sich dadurch in den betroffenen Gebieten das an der Erdoberfläche empfangene Sonnenspektrum ein ganz klein wenig ändern. Letzterer Effekt ist aber meines Wissens nach noch nie gemessen worden, er wird von anderen, stärkeren Schwankungsursachen für Ozon überdeckt.

Herr Staufenbiel: Die Messung, die Sie mit Hilfe der Natriumlinienbreite vornehmen, liefert erstaunlicherweise auch Werte aus größeren Höhen. Man würde ja wie bei einem Ionogramm vermuten, daß die Strahlung an der Unterseite der Natriumschicht reflektiert wird. Die Laufzeit ist dann von der Unterseite her festgelegt, aber Sie schauen hindurch. Liegt das daran, daß Natrium eben doch mit nur relativ geringer Dichte verteilt ist, so daß Sie mehrere Echos bekommen?

Herr von Zahn: Ja, es liegt daran, daß die Schicht nur sehr wenig Na-Atome enthält. Der Spektroskopiker würde sagen: Sie ist optisch dünn. Von jedem unserer Laserblitze werden nur etwa 2 Prozent in der Schicht absorbiert und wieder re-emittiert. Die restlichen 98 Prozent gehen unbeeinflußt durch die Schicht durch. Es liegt also ein Glücksfall der Natur vor, indem die Dichte der Na-Atome einerseits so klein ist, daß unser Laserstrahl die Schicht noch durchdringen kann, andererseits groß genug, so daß wir überhaupt ein brauchbar starkes Signal zurückbekommen.

Herr Staufenbiel: Dann darf ich noch eine zweite Frage stellen. Sie erwähnten, der Skalenfaktor für die Turbulenz sei an der unteren Grenze, in der Größenordnung von einigen Metern. Inwieweit ist dann die freie Weglänge ein Problem, um hier noch Kontinuumsmechanik betreiben zu können?

Herr von Zahn: Die freien Weglängen λ betragen in 85 km Höhe etwa 1 cm, in 100 km Höhe etwa 15 cm. Kontinuumsströmung sollte noch bis herunter zu Skalen von ca. $10 \cdot \lambda$ vorliegen. In 85 km sollte also noch mehr als eine Größenordnung zwischen der Kolomogoroff-Mikroskala und den minimalen Skalen für Kontinuumsströmung liegen. Inwieweit man unter diesen Umständen, aber auch in Höhen darunter und darüber, noch einen viskosen Unterbereich im Turbulenzspektrum identifizieren kann, ist gerade Gegenstand unserer experimentellen Untersuchungen. Deshalb habe ich auch betont, daß wir diesen viskosen Unterbereich bisher nur gelegentlich beobachten konnten.

Herr Flohn: Haben wir heute eigentlich klare Vorstellungen über die Struktur der äquatorialen Mesosphäre und Mesopause?

Herr von Zahn: Ich habe keine, Herr Flohn. Ich hatte allerdings gerade vor wenigen Monaten sehr interessante Diskussionen mit dem sowjetischen Astronauten Grechko, der darauf hinwies, daß er und seine sowjetischen Kollegen mesosphärische Wolken nicht nur über den Polen, sondern auch über dem Äquator beobachten konnten. Diese Beobachtungen, z. B. von der Raumstation SALJUT-6 aus, sind auch publiziert worden und ich habe nunmehr entsprechende Sonderdrucke zu Haus. Wir können diese Beobachtungen als einen Hinweis dafür nehmen, daß es zumindestens zeitweise im Bereich der äquatorialen Mesosphäre wesentlich kälter ist als in den Referenz-Atmosphären angeben wird.

Herr Mäcke: Ich wollte noch eine Frage zur geographischen Breite stellen, was aber vorhin bereits angeklungen ist. Haben Sie die Vermutung, daß alle Gradienten, die Sie gemessen haben, in niederen geographischen Breiten ähnlich verlaufen?

Herr von Zahn: Meine Erwartungen gehen eher in der Richtung, daß sich sowohl der thermische Aufbau der oberen Atmosphäre als auch die darin ablaufenden dynamischen Prozesse mit der geographischen Breite ändern. Das darüber bekannte Material ist in den bereits mehrfach erwähnten Referenz-Atmosphären zusammengestellt worden. Für die Höhen zwischen 70 bis 120 km gibt es aber nicht nur in polaren Breiten, sondern auch in niedrigen Breiten recht wenig wirkliche Meßwerte. Wir dürfen m. E. in der Zukunft, wenn schließlich solche Meßwerte verfügbar werden, noch mit einigen Überraschungen rechnen.

Herr Mäcke: Hat das Messen dort eine gewisse Schwierigkeit? Sie sind doch wohl vor allen Dingen wegen der Beobachtungsmöglichkeiten in höhere Breiten gegangen. Können Sie in niedrigen Breiten überhaupt gut beobachten?

Herr von Zahn: Ich meine, daß die Meßmethoden, die wir entwickelt haben und derzeit in polaren Breiten einsetzen, ohne zusätzliche Schwierigkeiten auch in niedrigen geographischen Breiten benutzbar sind. Dennoch müssen wir uns in meiner Arbeitsgruppe wegen begrenzter Arbeitskapazität natürlich auf bestimmte Schwerpunkte konzentrieren. Dabei hat eine Konzentration auf polare Breiten in Nordskandinavien die Vorteile, (a) einen sehr extremen Zustand unserer Atmosphäre untersuchen zu können, (b) des Zugangs zu großen, leistungsfähigen Bodenmeßgeräten, die nahezu am gleichen Ort und simultan mit unseren eigenen Experimenten die obere Atmosphäre untersuchen können, und (c) des vergleichsweise geringen Reise- und Transportaufwandes, der notwendig ist, dort Feldmessungen durchzuführen. Alle diese Argumente schließen nicht aus, daß wir auch gern einmal in den Tropen messen möchten.

Veröffentlichungen
der Rheinisch-Westfälischen Akademie der Wissenschaften

Neuerscheinungen 1983 bis 1989

ABHANDLUNGEN

Sonderreihe PAPYROLOGICA COLONIENSIA